ARBEITSGEMEINSCHAFT FÜR FORSCHUNG
DES LANDES NORDRHEIN-WESTFALEN

Sondersitzung
am 30. September 1955
in Düsseldorf

ARBEITSGEMEINSCHAFT FÜR FORSCHUNG DES LANDES NORDRHEIN-WESTFALEN

HEFT 54a

John Cockcroft

Die friedliche Anwendung der Atomenergie

SPRINGER FACHMEDIEN WIESBADEN GMBH

ISBN 978-3-663-00260-4   ISBN 978-3-663-02173-5 (eBook)
DOI 10.1007/978-3-663-02173-5

Die friedliche Anwendung der Atomenergie

Sir John *Cockcroft* F. R. S., Director of the Atomic Establishment,

Harwell, England

Die Genfer Internationale Konferenz über die friedliche Verwendung der Atomenergie war von großem Wert: Sie führte einen Erfahrungsaustausch der auf dem Gebiete der Atomenergie arbeitenden Länder herbei und ermöglichte eine Abschätzung der künftigen Entwicklung.

In den Vollsitzungen machten die Wissenschaftler und Statistiker Voraussagen über den zukünftigen Energiebedarf in den einzelnen Ländern und der ganzen Welt. Es wurde vorausgesagt, daß bis Ende dieses Jahrhunderts der Weltbedarf an Energie aller Art (Abb. 1) eine Steigerung unseres gegenwärtigen Verbrauchs von 1,7 Milliarden Tonnen Kohleäquivalent auf 8 Milliarden Tonnen erfahren werde. Man rechnet damit, daß die Stromerzeugung aus Wasserkraft nicht mehr als 1 Milliarde Tonnen Kohleäquivalent betragen werde, und man hoffte, mit Hilfe der Atomenergie den gesamten Restbedarf an Elektrizität zu decken, somit also die Arbeit von 2 bis 3 Milliarden Tonnen Kohle zu erzeugen. England allein könnte ein Zehntel dieser Menge gebrauchen.

Für die Hälfte dieser Zeitspanne, d. h. also für die Zeit um 1975, unterschieden sich die Voraussagen hinsichtlich der Verwendung von Atomenergie in den einzelnen Ländern erheblich. In Ländern, die über reiche Wasserkräfte für die Stromerzeugung verfügen, z. B. Norwegen, dürfte diese Wasserkraft weiterhin die Hauptquelle für die Stromerzeugung bleiben. Andere Länder Europas, wie Portugal, Schweden, Italien und die Schweiz, werden bis dahin ihre verfügbaren Wasserkräfte bis an die Grenze des technisch Möglichen nutzbar gemacht haben und in der zweiten Dekade auf Atomkraft zurückgreifen. Die Voraussagen für die Vereinigten Staaten lauten dahin, daß bis zum Jahre 1975 der Anteil der Stromerzeugung aus Atomenergie gänzlich von ihrem Preis im Verhältnis zu der Energieerzeugung aus Wasser, Öl, Naturgas und Kohle abhängen wird. Es wurde damit gerechnet, daß der bei weitem überwiegende Teil des Energiebedarfs der Vereinigten Staaten bei einem Kostenaufwand von 0,2 bis 0,5 cts erzeugt werden wird. Die Menge der bei einem Kostenaufwand zwischen 0,5 und 1,0 cts erzeugten Energie beträgt nicht mehr als 10 % der gesamten Menge. Es wurde daher vorausgesagt, daß bei einem Kostenaufwand von 0,9 cts die Verwendung von Atomkraft nur 1 % der Gesamtversorgung im Jahre 1975

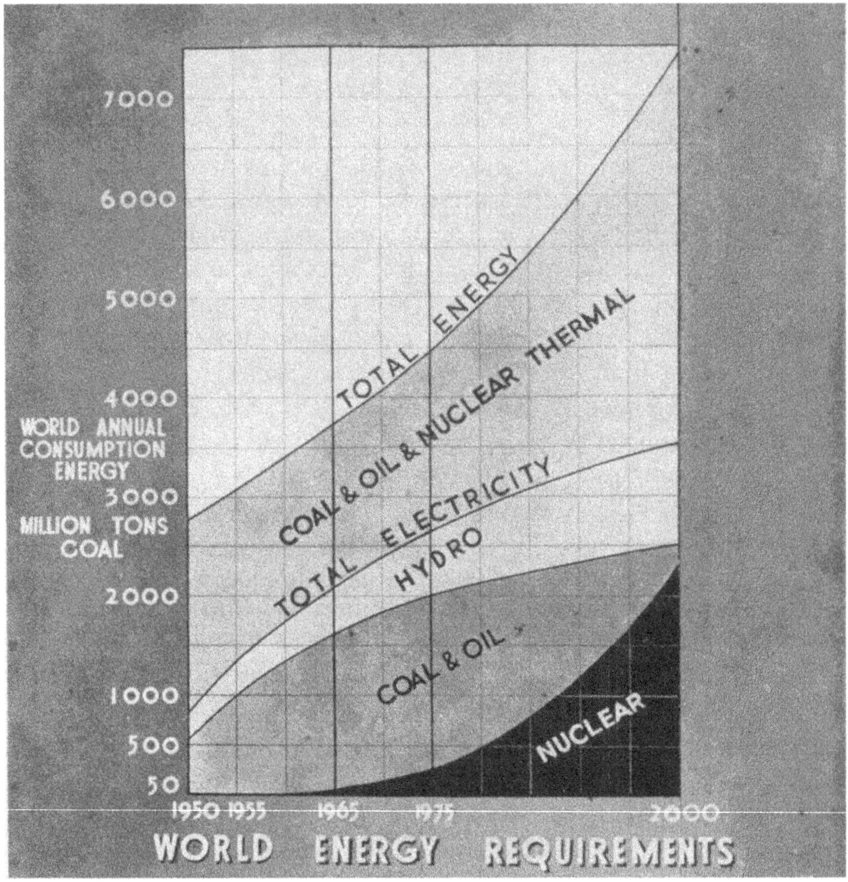

Abb. 1: Der Weltenergiebedarf bis zum Jahre 2000

betragen würde, sich bei einem Kostenaufwand von nur 0,7 cts jedoch auf 15 % erhöhen werde. Für Kanada ergab sich eine sehr ähnliche Lage. Die Verwendung in großem Umfange beginnt wahrscheinlich bei einem Kostenaufwand von 0,6 cts.

Der Bedarf an Atomenergie scheint am dringendsten in England zu sein, wo man im Jahre 1975 wahrscheinlich weitere 100 Millionen Tonnen Kohle pro Jahr benötigen wird, eine erhebliche Erhöhung der Kohlenförderung aber kaum möglich ist und auch kaum Wasserkraft zur Verfügung steht. Somit werden also Öl und Atomenergie die Lücke auszufüllen haben, und der britische Plan für die Entwicklung von Atomkraft sieht vor, daß bis 1975 40 % des Elektrizitätsbedarfs mit Hilfe von Atomenergie erzeugt werden sollen – entsprechend einer Kohlenmenge von 40 Millionen Tonnen. Für das Jahr 1965 sieht unser Plan Atomenergieanlagen mit einer Kapazität von 1500 bis 2000 Megawatt vor, die die Arbeit von ungefähr 5 Millionen Tonnen Kohle jährlich leisten.

In den nächsten fünf Jahren werden sich mindestens fünf Länder – England, Kanada, Frankreich, die Vereinigten Staaten und die Sowjetunion – mit dem Entwurf und Bau von Versuchs-, Muster- oder Vorführungsmodellen beschäftigen.

Die Anzahl der möglichen Reaktortypen beträgt nach der Aufstellung von Dr. Weinberg in Genf (Abb. 2) etwa 900. Glücklicherweise können die

Brennstoff	Fruchtbares Material	Neutronen-Energie	Kühlmittel	Geometrie	Moderator
U^{233}	Th	Schnell	Gas	Heterogen	H_2O
U^{235}	U	Resonanz	Flüssiges Metall	Homogen	D_2O
Pu^{239}		Langsam	H_2O		Be
			D_2O		BeO
			Kohlen-wasserstoffe		C
			usw.		usw.

Abb. 2: Zur Auswahl stehende Reaktortypen
(150 MW. Leistung)

meisten von ihnen von vornherein außer Betracht gelassen werden, und bisher sind von den 900 Typen weniger als 10 für Versuchszwecke ausgewählt worden.

In England haben wir unser Atomenergie-Programm in drei Entwicklungsstufen (Abb. 3, 4) eingeteilt. Auf der ersten Stufe haben wir uns für den gasgekühlten graphitmoderierten Reaktor (Abb. 5) entschieden, weil dieser natürlichen Uranbrennstoff verwendet und wir nicht genügend Vorräte an angereichertem Uran aus unserer Diffusionsanlage besitzen, um darauf ein ziviles Programm aufbauen zu können.

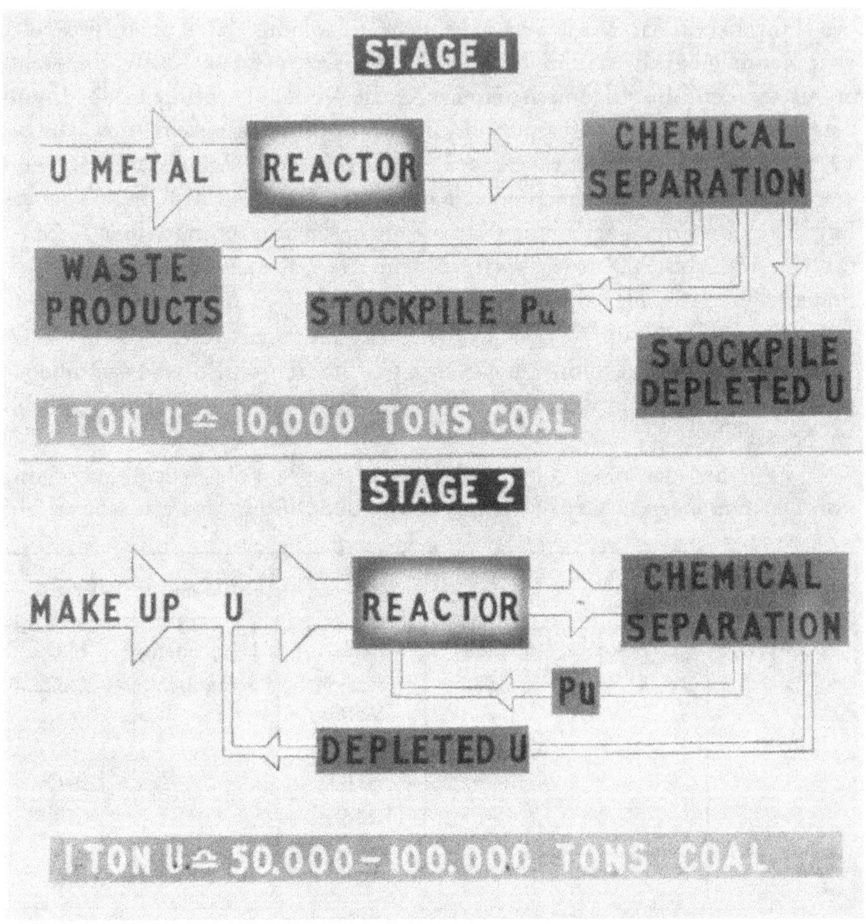

Abb. 3: Schematische Darstellung der ersten und zweiten Entwicklungsstufe
des britischen Atomenergieerzeugungsprogramms

Der mit schwerem Wasser moderierte Reaktortyp würde eine mögliche
Alternative darstellen; das würde jedoch für unser 2000-Megawatt-Programm der nächsten Dekade Lieferungen von schwerem Wasser in Höhe
von mindestens 1000 Tonnen erfordern, aber hierfür fehlen uns die Produktionseinrichtungen.

Die Abbildungen 6 und 7 zeigen das erste gasgekühlte, graphitmoderierte
Reaktorkraftwerk, das in Calder Hall in Cumberland gebaut wird. Der
eigentliche Reaktor ist in einem geschweißten Druckkessel von etwa 12 m

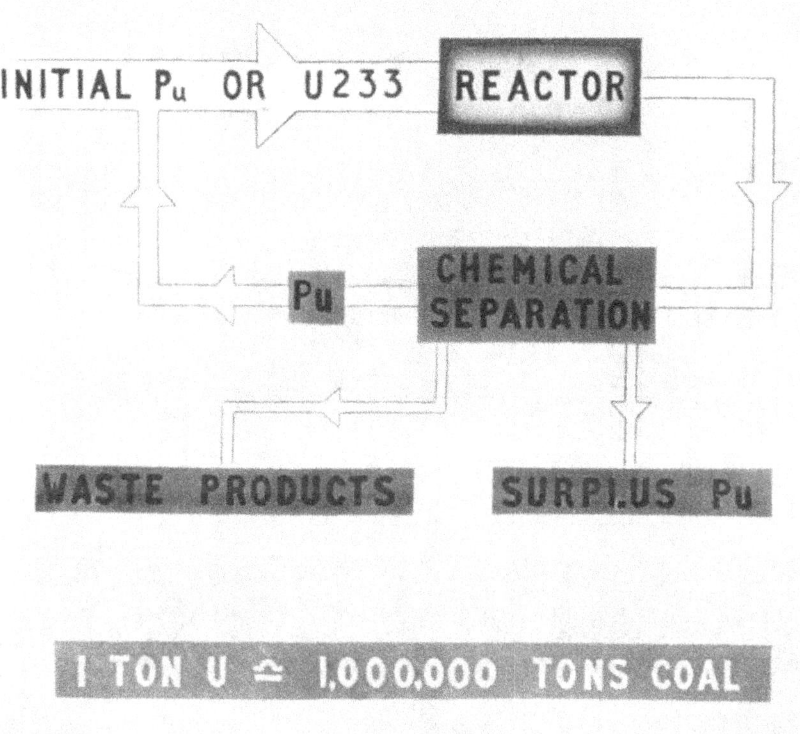

Abb. 4: Schematische Darstellung der dritten Entwicklungsstufe des britischen
Atomenergieerzeugungsprogramms

Durchmesser enthalten. Die Wärme wird in Stäben aus Uranmetall erzeugt,
die mit einer Leichtmetall-Legierung ummantelt sind und vertikal zwischen
den Graphitblöcken des Kerns hängen. Ihre Betriebstemperatur beträgt etwa
400° C. Die Wärmeübertragung von den heißen Uranstäben auf vier
Dampfturbinen wird durch Kohlendioxydgas bei einem Druck von 6 bis 7
Atmosphären bewirkt. Das Gas verläßt den Reaktor bei einer Temperatur
von 370° C. Es strömt von den Dampfkesseln zu der Turbo-Generator-
Anlage herkömmlicher Bauart.

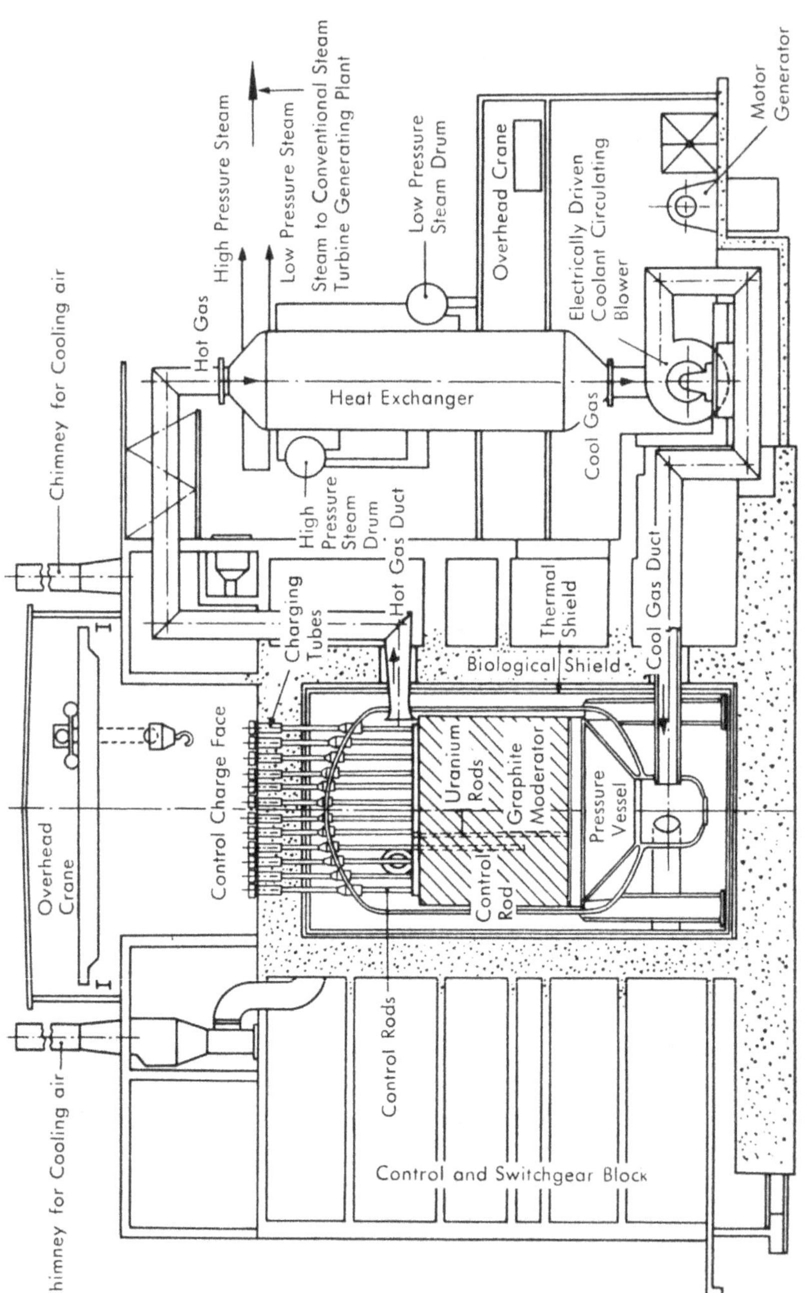

Abb. 5: Schematische Darstellung eines gasgekühlten Leistungsreaktors

Abb. 6: Das Calderhall-Reaktorkraftwerk im Bau

Dieses erste Kraftwerk wurde für die Erzeugung von Plutonium konstruiert, wobei Energie nur als Nebenprodukt gewonnen wird. Seine Leistung ist dementsprechend niedrig und dürfte ungefähr 65 Megawatt betragen.

Unser ziviles Programm für den Bau von Atomkraftwerken sieht die Verwendung von Reaktoren dieses Typs vor, der jedoch im Augenblick von der Industrie umkonstruiert wird, um größere Leistungen zu erzeugen. Dies läßt sich dadurch erreichen, daß man den Reaktor auf optimale Leistungsabgabe züchtet, den Reaktorkern vergrößert sowie die Wärmeübergangszahl und die Brennstofftemperatur erhöht. Wir glauben, daß man die Konstruktion auf diesem Wege beträchtlich verbessern kann. Wir kennen noch nicht die geplanten Leistungen der Werke für die zentrale Elektrizitätsbehörde (Central Electricity Authority), glauben jedoch, daß diese nach und nach von etwas über 100 Megawatt bis zu dem Bereich von 200 Megawatt steigen werden.

Auf der Genfer Konferenz wurde vorausgeschätzt, daß die Kosten eines gasgekühlten, graphitmoderierten Kraftwerks von 150 Megawatt bei £ 8,5

Abb. 7: Das Calderhall-Reaktorkraftwerk im Bau

Millionen liegen sollen, das sind pro Megawatt ungefähr die doppelten
Kosten eines Kraftwerks von gleicher Leistung herkömmlicher Bauart. Bei
diesen Kapitalkosten, einer angenommenen Lebensdauer von 15 Jahren
und einer Zinsbelastung von 4 % würden sich die Kapitallasten auf etwa
0,36 Penny pro kWh belaufen, d. h. etwa 50 % der gegenwärtigen Kosten
der Energieerzeugung im Vereinigten Königreich (Abb. 8).

Die Brennstoffkosten werden von den Kosten der fertig bearbeiteten
Uranstäbe abhängen, von der Energie, die wir pro Tonne gewinnen können,
von dem Wert des Nebenprodukts Plutonium und von den Kosten der
chemischen Verarbeitung zur Gewinnung dieses Nebenproduktes.

Wir können den Kernbrennstoff entweder so lange im Reaktor belassen,
bis die Kettenreaktion aus physikalischen Gründen aufhört, oder bis das
Uran sich so sehr verzieht, daß es herausgezogen werden muß (Abb. 9).
Wir können dann den Brennstoff zu einer chemischen Trennungsanlage
schicken, um den zweiten Brennstoff, das sich bildende Plutonium, abzu-
trennen und dieses für künftigen Gebrauch auf Lager zu nehmen.

	Kapitalkosten £ Millionen	Jährliche Kosten £ Millionen	Energiekosten bei einem Last- faktor von 80% (in pence je kWh)
Kapital- und Gemeinkosten			
Reaktorkosten	7,5	0,68	
Sonstige Anlagen	11,3	0,69	
Gesamtbaukosten	18,8	1,37	
Kosten der Anfangsbeschickung			
zu £ 20 000/Tonne U	5,0	0,20	
Gesamte Kapitalkosten	23,8	1,57	0,36
Betriebskosten			
Geländebetriebskosten		0,26	
Kosten für den Ersatz von			
Patronen zu £ 20 000/Tonne U		1,46	
Gesamtbetriebskosten		1,72	0,40
Summe der **Brutto**kosten		3,29	0,76 (= 9 Mill.)

Abb. 8: Anlage- und Betriebskosten eines gasgekühlten, graphitmoderierten
Reaktorkraftwerkes mit 150 MW Leistung

Bei dem ersten Brennstoff-Umlauf wird die Wärmemenge, die pro Tonne U gewonnen werden kann, bevor die Kettenreaktion aufhört, aus atomtechnischen Gründen zwischen einem Heizwert von 10 000 und 30 000 Tonnen Kohle liegen, je nach der verwendeten Reaktortype. Die praktische Grenze dürfte hauptsächlich durch die allmähliche Zerstörung der Brennstoffelemente als Folge der Zerreißwirkung des Spaltprozesses bestimmt werden. Wir haben noch nicht genügend Erfahrung mit dem Betrieb bei hohen Temperaturen, um zu wissen, wo diese Grenze liegt.

Nach den Erfahrungen in Chalk River, wo niedrige Temperaturen Anwendung fanden, liegt die Grenze oberhalb 10 000 Tonnen Kohle. Wir haben im Vereinigten Königreich für die Schätzung der Brennstoffkosten diesen Wert als untere Grenze angenommen.

Die gegenwärtigen Kohlekosten dieser Energie würden in England £ 35 000 betragen. In Genf sagte Mr. Jesse Johnson, Leiter der Rohmaterialabteilung der U. S. A. E. C., daß in den sechziger Jahren dieses Jahrhunderts

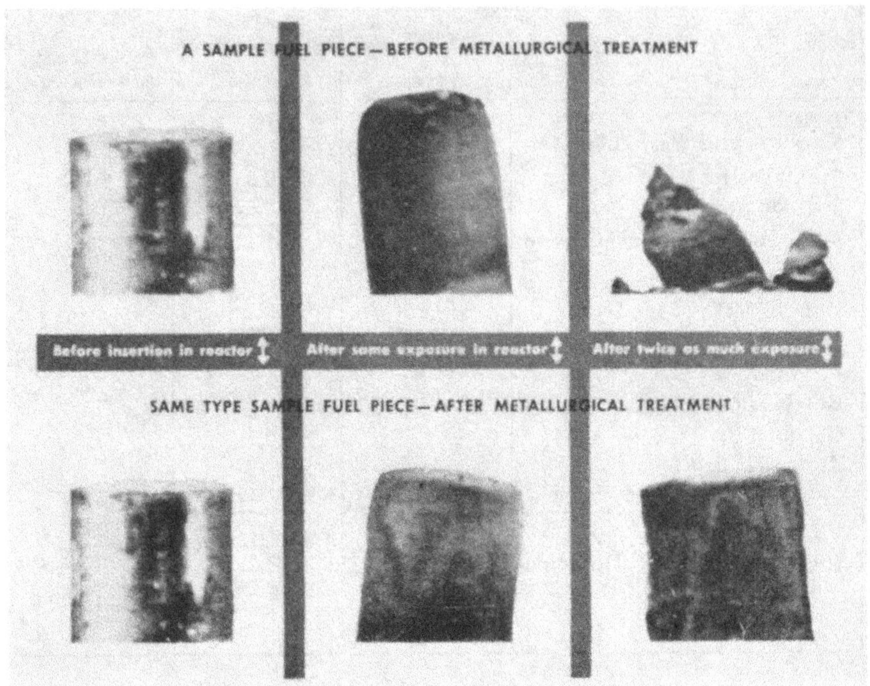

Abb. 9: Strahlungsschäden von Brennstoffelementen
Entnommen aus: „Nucleonics", September 1952

U_3O_8 zu $ 10 das amerikanische Pfund – entsprechend 93 DM/kg – erhältlich sein würde. Hinzu kommen die Kosten der Urangewinnung und der Weiterverarbeitung zu fertig ummantelten Brennstoffelementen. Eine britische Arbeit über die Kosten der Atomenergie kam zu einem vorsichtig geschätzten Betrag von £ 20 000 je Tonne gebrauchsfertig ummantelter Brennstoffelemente einschließlich einer geringen Anreicherung. Dies ergab Gesamtbetriebskosten von 0,4 Penny je kWh. Hiervon müssen wir einen gewissen Betrag für das Nebenprodukt Plutonium abziehen. Wir haben diesen Betrag auf Grund des erwarteten Plutoniumbedarfs für unser ziviles Programm festgesetzt (Abb. 10). Wir kommen dann auf den Energiekosten-Gesamtbetrag, der in Abb. 11 gezeigt wird.

Eine andere mögliche Betriebsweise besteht darin, daß man das teilweise „verbrannte" Uran zusammen mit dem gebildeten Plutonium und etwas „frischem" Uranzusatz nach Entfernung der Spaltprodukte erneut als Brennstoff verwendet.

Typ	Erforderliche Pu-Mengen	Zeitpunkt stark erhöhten Bedarfs	Preis, der angelegt werden kann £/gr.
a) Sonderzwecke	Jede, die für Verwendung als Brennstoff verfügbar ist	1965	6
b) Umlauf	Jede, die für Verwendung als Brennstoff verfügbar ist	1962	3
c) Schnellbrüter	Etwa 500 kg als Anfangsbeschickung pro Werk	1970	6—12
d) Heterogenes Therm. Thorium	Etwa 500 kg als Anfangsbeschickung pro Werk	1965	6—12
e) Anfangsanreicherung von neuen Wärmereaktoren (vermischt mit natürlichem Uran	100—200 kg als Anfangsbeschickung pro Werk	1965	12

Anmerkungen: 1. Die Daten beziehen sich auf die Inbetriebnahme von Anlagen, die gewerblichen Zwecken dienen.
2. Die Systeme c und d lassen sich zur Erzielung einer Nettoausbringung von Plutonium verwenden.

Abb. 10: Erläuternde Zahlenangaben für den zivilen Bedarf an Plutonium

	Pence je kWh		Mills	
Bruttokosten bei einem Lastfaktor von 80% aus Abbildung 8	0,76		9	
Gutschrift für Plutonium zum Preise von £ 5 und £ 10 je Gramm netto der Verarbeitungskosten	0,17	0,33	2	4
Reine Energiekosten	0,59	0,42	7	5
Energiekosten aus neuen kohlebefeuerten Anlagen	0,60		7	

Abb. 11: Reine Energiekosten von gasgekühlten, graphitmoderierten Reaktoren frühen Typs
(150 MW. Leistung)

Aus atomtechnischen Gründen scheint es, daß wir bei mehrfachem Brennstoffumlauf in der Lage sein müssen, pro Tonne Uran eine Wärmemenge zwischen 60 000 und 100 000 Tonnen Kohleäquivalent zu gewinnen. Die Ausgangsbrennstoffkosten werden dann unbedeutend, und der Hauptteil der Kosten entfällt auf die chemische Verarbeitung und Brennstoffwiederaufbereitung am Ende jedes Umlaufs. Wir verfügen noch nicht über genügend Erfahrung, um die künftige Entwicklung dieser Kosten voraussagen zu können, möchten jedoch auf der Grundlage unserer gegenwärtigen Erfahrung annehmen, daß der mehrfache Umlauf zu niedrigeren Energiekosten führen muß, als der Betrieb mit nur einem Umlauf.

Der gasgekühlte, graphitmoderierte Reaktor ist ein betriebssicherer, wenig störanfälliger Typ einer Energieerzeugungsanlage, der den großen Vorteil hat, mit natürlichem Uran auszukommen. Der Hauptnachteil der Gasküh-

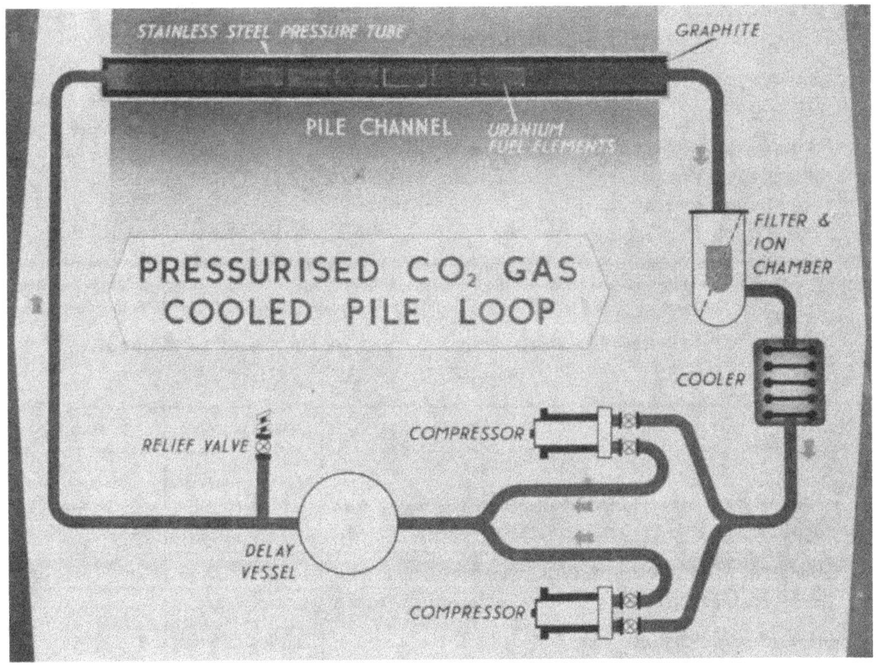

Abb. 12: Schema des Kühlkreislaufes eines gasgekühlten Reaktors

lung besteht darin, daß die pro Tonne Uran gewonnene Wärmemenge (Abb. 12) niedrig ist. Bei Umstellung auf Wasser oder flüssiges Natrium als Wärmeaustauscherflüssigkeit kann die Wärmegewinnung je Tonne mindestens um das Fünffache gesteigert werden. Das ergibt niedrigere Anlagekosten für Uran und gewinnt an Bedeutung in dem Maße, wie die Energieerzeugung aus Atomkraft sich ausdehnt. Wir können aber solche Reaktoren nicht eher bauen, bis wir Plutonium zur Brennstoffanreicherung zur Verfügung haben. Dies wird von den Reaktoren der 1. Entwicklungsstufe geliefert werden. In England prüfen wir daher bereits, welche Reaktoren für die 2. Stufe unseres Programms den größten Wirkungsgrad versprechen.

Wir haben über ein Jahr lang die Reaktoren, die unter Überdruck stehendes gewöhnliches Wasser als Moderator und Kühlmittel verwenden, geprüft. Ein Reaktor dieses Typs befindet sich augenblicklich in Shippingport in den

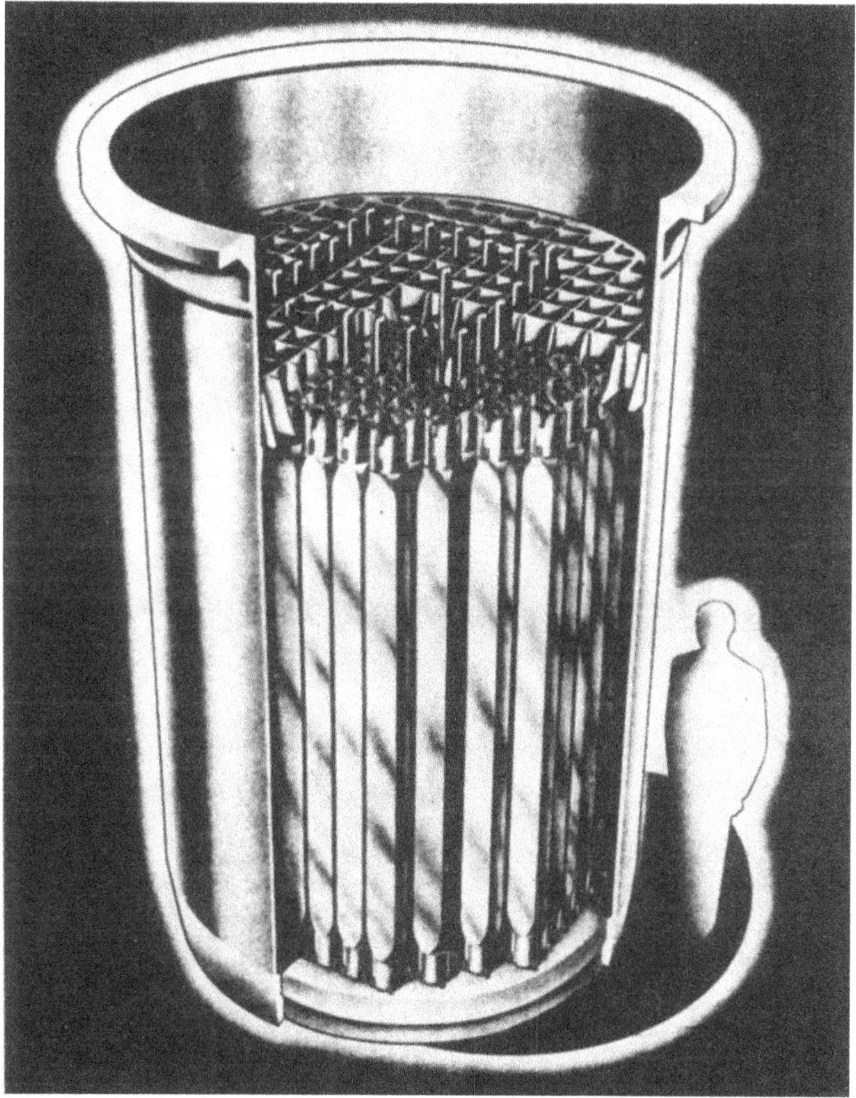

Abb. 13: Der reagierende Kern des 60 MW-Leistungsreaktors in Shippingport, USA
Entnommen den Beiträgen der V. S. A. E. C., 1955

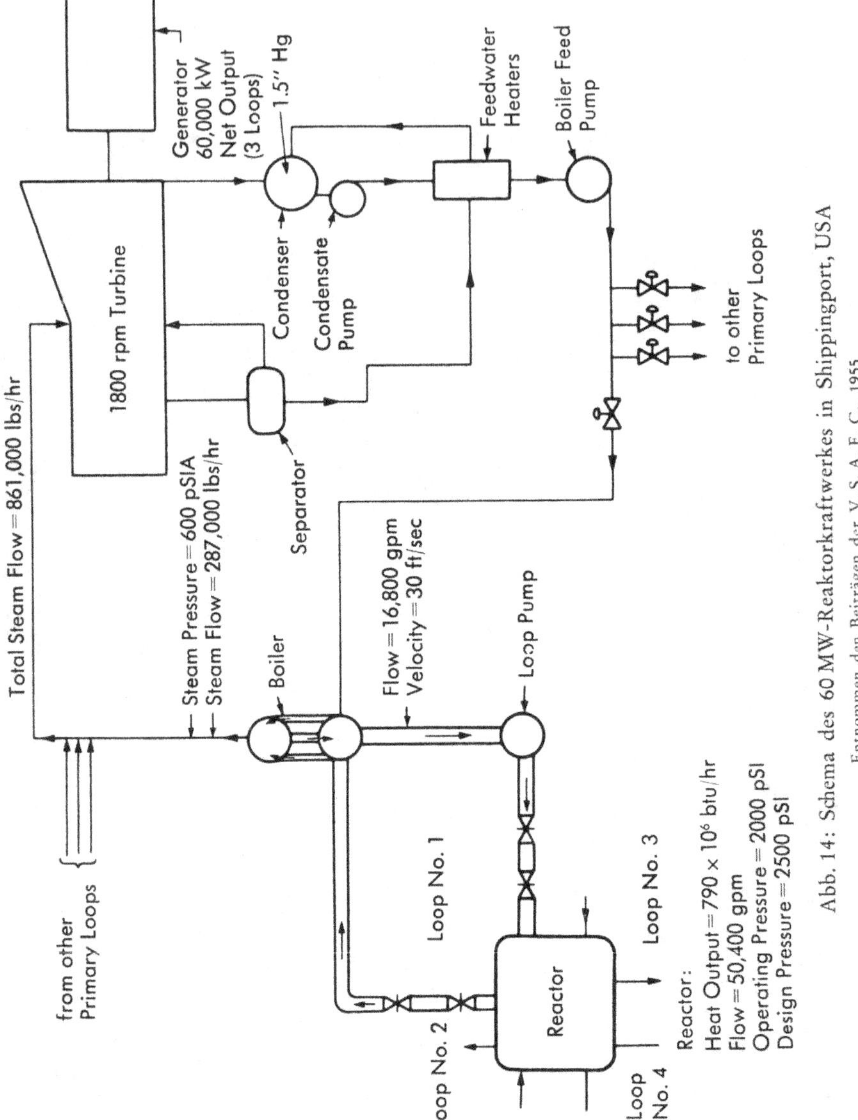

Abb. 14: Schema des 60 MW-Reaktorkraftwerkes in Shippingport, USA

Entnommen den Beiträgen der V. S. A. E. C., 1955

Vereinigten Staaten im Bau und wird durch die Westinghouse Company errichtet – dieser Typ soll mindestens 60 Megawatt Elektrizität entwickeln. Einzelheiten dieses Reaktors zeigen die Abbildungen 13, 14, 15.

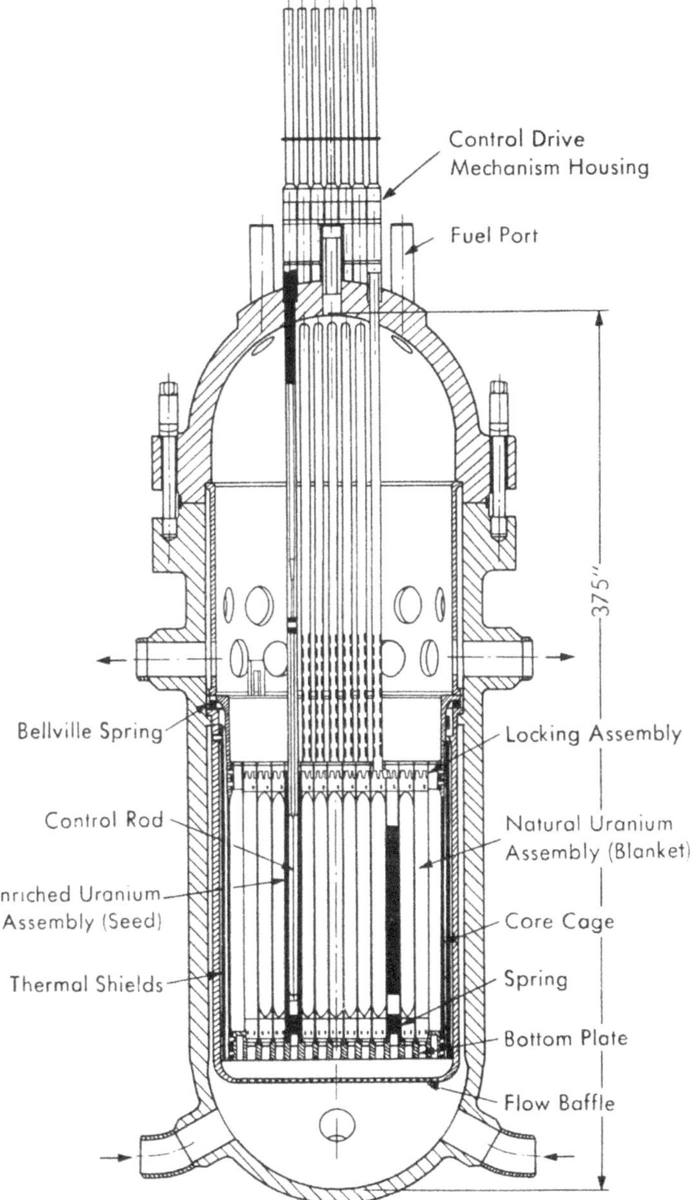

Abb. 15: Längsschnitt durch den 60 MW-Leistungsreaktor in Shippingport, USA
Entnommen den Beiträgen der V. S. A. E. C., 1955

Ein 180 MW wassermoderierter Reaktor wird zur Zeit auch von der Commonwealth Edison Nuclear Power Group gebaut, bei dem das Wasser in dem Reaktorkern kocht und unmittelbar zur Turbine geht. Dadurch wird es möglich, den Druck im Hauptkessel und in anderen Bauteilen von 120 Atmosphären auf 40 Atmosphären herabzusetzen, wodurch auch die Konstruktions-, Korrosions- und Sicherungsprobleme eine Vereinfachung erfahren. Eine weitere interessante Möglichkeit für Kraftwerke der 2. Stufe stellt der natriumgekühlte, graphitmoderierte Reaktor dar. Dieser Typ wird zur Zeit von der North American Aviation Company sowohl in Form einer Versuchsanlage als auch mit einer Leistung von 75 Megawatt gebaut. Durch die Verwendung von Natrium als Wärmeaustauscherflüssigkeit werden die hohen Drücke vermieden, die bei den mit Wasser betriebenen Anlagen unvermeidlich sind. Für die Ingenieure bedeutet dies eine Erleichterung, denn es ist schwierig, die Druckgefäße von Reaktoren auf Korrosionseinflüsse hin zu untersuchen, weil sie nach dem Betrieb stark radioaktiv verseucht sind. Das flüssige Natrium wird es ferner ermöglichen, in den Brennstoffelementen Temperaturen von 500°C zu erreichen, was zu Dampfdrücken von über 50 Atmosphären und zu einem thermodynamischen Wirkungsgrad von über 32 %, gegenüber 25 % bei den wassermoderierten Reaktoren, führt. Dieser Reaktor hat den Nachteil eines hochaktiven Kühlmittels mit dem damit verbundenen Risiko der Ausbreitung von radioaktiven Natriumdämpfen bei einem evtl. Natriumbrand. Es ist ferner notwendig, den Graphit in Zirkoniumbüchsen einzukapseln, da andernfalls zuviel Natrium in die Poren des Graphit eindringt und zuviel Neutronen absorbiert würden. Das flüssige Natrium muß extrem sauber sein, damit eine Korrosion des Zirkoniums vermieden wird.

Abb. 16 zeigt ein Verzeichnis dieser möglichen Reaktoren der 2. Entwicklungsstufe zusammen mit Zahlen über die geschätzten Kosten je Kilowatt.

Die Kosten je kWh hängen zu einem großen Teil von den angenommenen Kapitallasten ab. In den Vereinigten Staaten besteht die Gepflogenheit, 12–15 % als Kapitallasten anzusetzen. Dies führt zu Kapitallasten je kWh in der Größenordnung von 0,5 cts bei Kapitalkosten von $ 250 je kW. Um zu einem allgemeinen Energiekostensatz von 0,7 cts je kWh zu kommen, benötigt man einen Nettobrennstoffkostenansatz von etwa 0,1 cts je kWh. Dies läßt sich durch einen hohen Verbrennungsgrad in mit natürlichem Uran geheizten Reaktoren erreichen, wenn eine Wärmegewinnung von 30 000 Tonnen Kohle aus einer Tonne Uran erzielt werden kann, oder wenn ein beträchtlicher Wert in Gestalt des Nebenprodukts Plutonium anfällt. Wir können jedoch im Augenblick eingehenden Kostenanschlägen oder -vergleichen kein zu großes Gewicht beimessen.

Es ist daher auf Grund der theoretischen Untersuchungen im Augenblick noch keine Entscheidung darüber möglich, welcher Leistungsreaktor „am besten" ist. Zum Glück sind eine Anzahl verschiedenartiger Typen im Bau, und die Erfahrung wird zu gegebener Zeit zeigen, welcher von ihnen „am besten" ist.

Land	Leistung	Moderator	Kühl-mittel	Brenn-stoff	Kosten je kW	Kosten je kWh
UdSSR	100 M.W.	Graphit	Wasser	ange-reichertes Uran	—	10-20 Kopeken
Vereinigte Staaten	75 M.W.	H_2O unter Druck	H_2O	desgl.	—	—
Vereinigte Staaten	180 M.W.	H_2O kochend	H_2O	ange-reichertes Uran	250	—
Vereinigte Staaten	250 M.W.	D_2O kochend	D_2O	natürl. Uran	250	0,77 cts
Vereinigte Staaten	75 M.W.	Graphit	Na	ange-reichertes Uran		1,0-1,1 cts

Abb. 16

Die 3. Entwicklungsstufe unseres Atomenergieprogramms beschäftigt sich mit der künftigen Entwicklung von Reaktoren, welche mehr sekundären Brennstoff produzieren, als sie Ausgangsbrennstoff verbrauchen; es handelt sich um die sogenannten Brutreaktoren. Gelingt uns dies, dürften wir in der Lage sein, mit einer Tonne Uran die Arbeit von ungefähr einer Million Tonnen Kohle zu leisten.

Zur Zeit befaßt man sich mit dem Entwurf und Bau von drei Typen von Brutreaktoren. Zwei von diesen verwenden Moderatoren zur Neutronenbremsung und arbeiten auf der Grundlage des U^{235}-Thorium-Brennstoffkreislaufs, der im Bereich der langsamen Neutronen günstigere Bruteigenschaften besitzt als der Pu239-U^{238}-Brennstoffkreislauf.

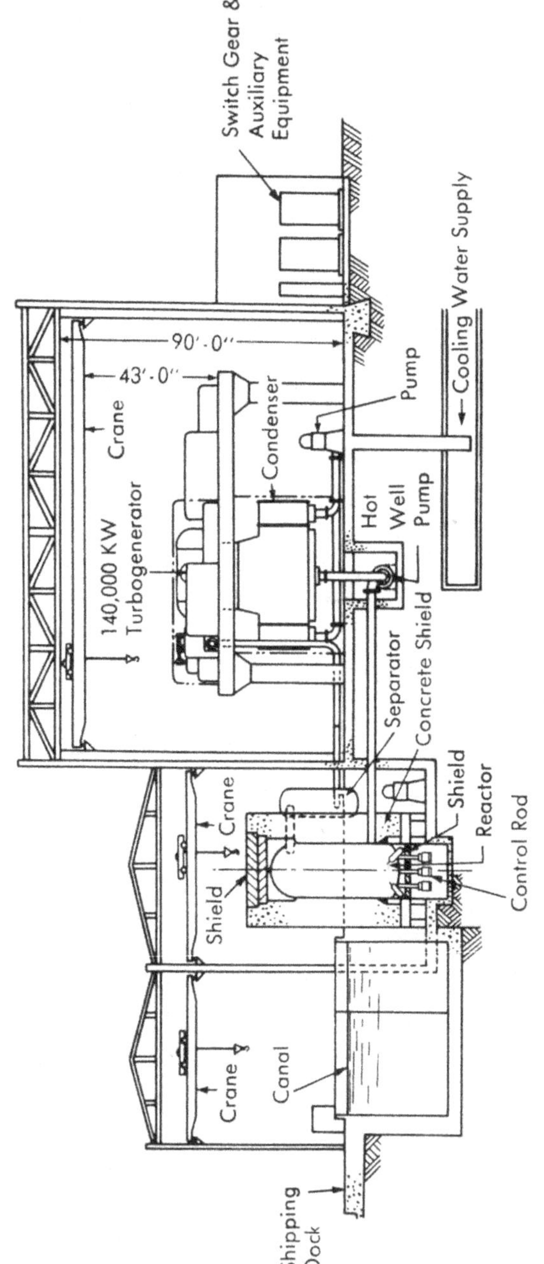

Abb. 17: Schema einer Reaktoranlage von 250 MW mit D$_2$O als Moderator und Kühlmittel

Entnommen den Beiträgen der V. S. A. E. C., 1956

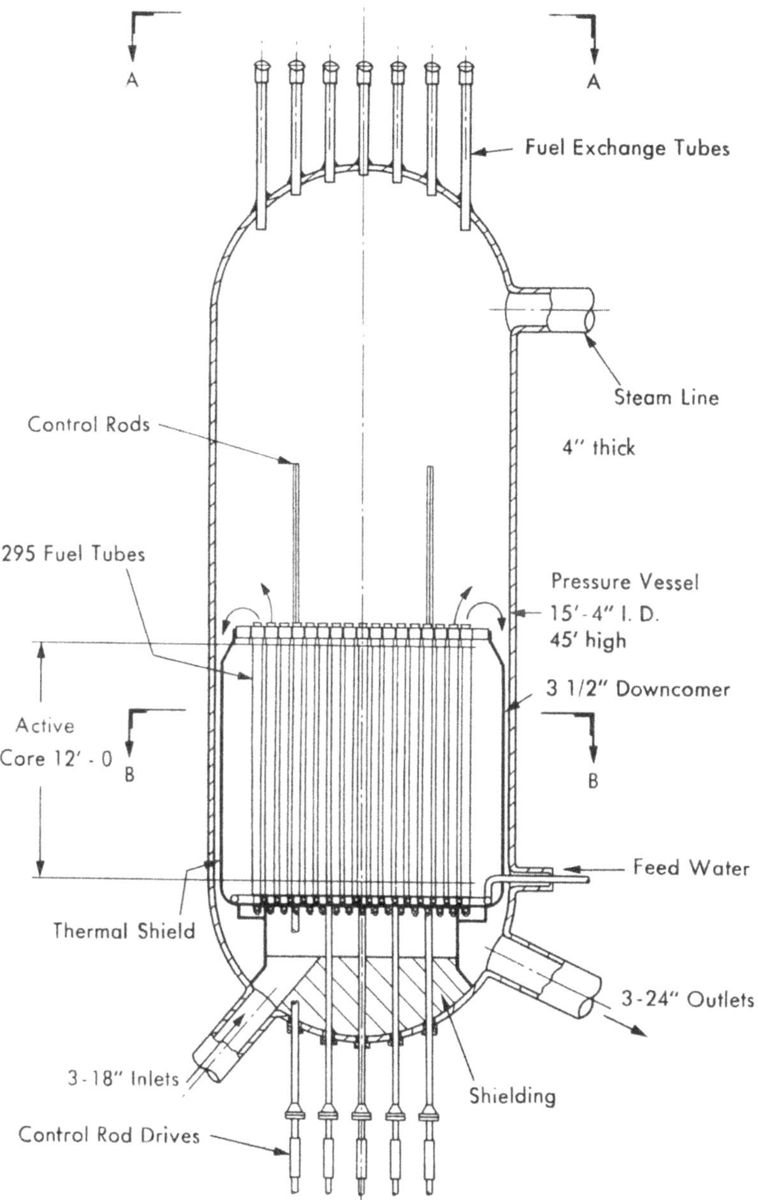

Abb. 18: Längsschnitt durch einen 1000 MW-Reaktorkern, der mit kochendem D_2O arbeitet

Entnommen den Beiträgen der V. S. A. E. C., 1955

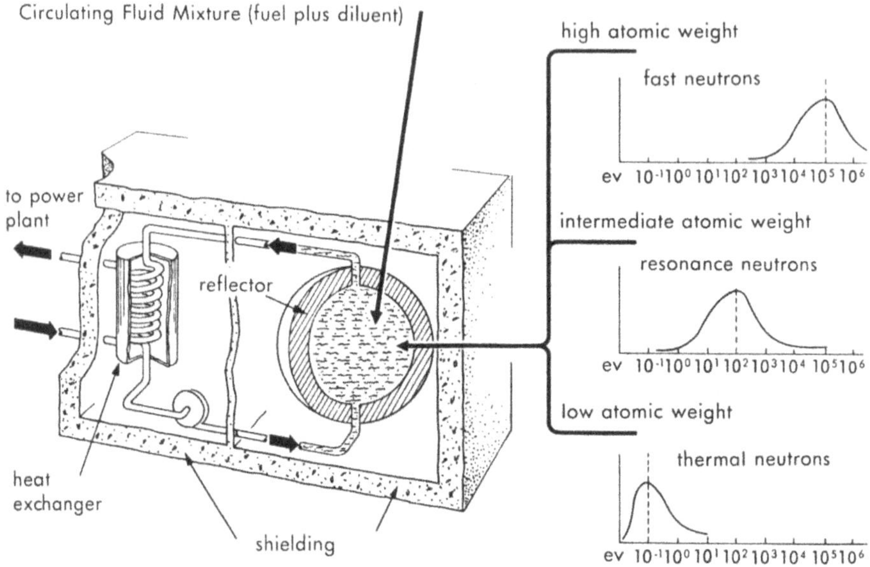

Abb. 19: Schematische Darstellung eines homogenen Reaktors

Entnommen „The Science and Engineering of Nuclear Power", Band I: Introduction to Pile Theory
(Einführung in die Theorie des Meilers)

Die Abbildung 19 zeigt einen sogenannten homogenen Reaktor, der im Rahmen einer Versuchsanlage in den Vereinigten Staaten betrieben wurde und von dem jetzt eine Versuchsanlage von 10 Megawatt Wärmeleistung gebaut wird. Der Kern wird aus einer wässerigen Lösung von Uranylsulfat unter Verwendung von U^{235}-Isotopen bestehen. Die Flüssigkeit erwärmt sich und wird über einen Wärmeaustauscher zirkuliert. Der Kern ist mit einem Thoriummantel umgeben, und es wird damit gerechnet, daß für jedes Atom U^{233}, das in dem Kern gespalten wird, 1,15 Atome neues U^{233} produziert werden.

Dieser Reaktor vermeidet das kostspielige Verfahren der Herstellung von Brennstoffelementen aus metallischem Uran; er gestattet eine kontinuierliche Abscheidung von radioaktiven Spaltprodukten, besitzt eine hohe Wärmebeständigkeit und gute Stabilitätseigenschaften. Andererseits wirft dieser Reaktor ernste Korrosionsprobleme auf. Mit besonderer Sorgfalt müssen auch die Fragen der Sicherheit behandelt werden, da es sich um eine unter Überdruck stehende Anlage handelt, die mit etwa 40 Atmosphären arbeitet und äußerst gefährliche radioaktive Produkte enthält.

Der andere Typ eines Brutreaktors ist der schnelle Reaktor, dessen Kern aus einer Plutonium-U^{238}-Legierung besteht, umgeben von einem Mantel aus Uranmetall oder verarmtem Uran, in dem sekundärer Brennstoff produziert wird. Die Ergebnisse der Versuche in Harwell mit dem schnellen ZEPHYR Null-Energie-Reaktor haben gezeigt, daß bei einem idealen, schnellen Plutonium-Reaktor für jedes zerstörte Atom des Ausgangsbrennstoffs zwei sekundäre Brennstoffatome produziert werden. In der Praxis werden Neutronen durch Kühlmittel und das Baumaterial absorbiert und der Brutfaktor wird vermutlich bei etwa 1,7 liegen. Dr. Zinn sagte in Genf voraus, die amerikanische 60-MW-Versuchsanlage eines Brutreaktors müsse in der Lage sein, die Brennstoffvorräte innerhalb von 5 bis 6 Jahren zu verdoppeln. England baut in Dounreay, im Norden Schottlands, ebenfalls einen Versuchsreaktor von 60 MW Wärmeleistung (Abb. 20). Die Betriebsprobleme dieser Reaktoren werden sehr schwierig sein wegen der äußerst schweren Strahlungsschäden, mit denen wir in den Brennstoffelementen rechnen. Wahrscheinlich wird es erforderlich sein, den Brennstoff während seiner Lebensdauer mindestens fünfmal neu in Umlauf zu setzen, und die

Abb. 20: Plan des „Dounreay-Kraftwerkes"

wirtschaftliche Seite des Reaktorbetriebes wird im wesentlichen durch die Kosten der chemischen Wiederaufbereitung und der Neuherstellung von Brennstoffelementen bestimmt werden. Sicherheitsprobleme müssen besonders berücksichtigt werden.

Wir glauben somit, daß die Entwicklung der Brutreaktion längere Zeit in Anspruch nimmt als die der mit festem Brennstoff betriebenen Reaktoren der 2. Stufe, und wir erwarten von ihnen nicht vor Ende der zweiten Dekade einen erheblichen Beitrag zur Energieerzeugung im Vereinigten Königreich. Sie werden aber auch nicht früher benötigt.

Daß es technisch möglich ist, Schiffe mit Atomenergie anzutreiben, ist durch das amerikanische U-Boot „Nautilus" bewiesen worden, das eine Wasserverdrängung von ungefähr 4000 Tonnen besitzt. Der Reaktor für das Triebwerk arbeitet mit unter Überdruck stehendem Wasser und verwendet Uran235 als Brennstoff. Die Kosten des Atomenergieantriebs sind kürzlich von einem amerikanischen Kongreßausschuß besprochen worden, doch scheinen sich bei Einführung dieser Antriebsart in die Handelsschifffahrt die Energiekosten auf das zehnfache der normalen Sätze zu erhöhen. Dies erklärt sich aus den hohen Kapitalkosten des Reaktors und den hohen Kosten bei der Verwendung von reinem U^{235}. Um hinreichend wettbewerbsfähig zu sein, dürfen die Kosten der Wärmegewinnung aus U^{235} die entsprechenden Kosten für Heizöl von £ 6 je Tonne nicht überschreiten. Dies bedeutet, daß der Preis des spaltbaren Materials wesentlich unter dem Satz von £ 6 je Gramm liegen muß. Eine einfache Rechnung zeigt, daß mit Plutonium zu £ 3 je Gramm bei einem Wärmewirkungsgrad von 25 % und einem Verbrennungsgrad von 33 % sich die Kosten auf 6 sh 9 pence pro PS stellen. Plutonium dürfte zu diesem Preis erst erhältlich sein, wenn es in großer Menge erzeugt wird.

Es ist möglich, daß durch eine Regeneration des atomaren Brennstoffs die Brennstoffkosten für den Atomenergieantrieb herabgesetzt werden können. Dieses Problem wird zur Zeit in England von der Shipbuilding Research Association in Zusammenarbeit mit Harwell untersucht. Ich persönlich glaube, daß die Verwendung von Atomenergie für den Schiffsantrieb in der Handelsschiffahrt in der nächsten Dekade noch nicht akut wird.

Die Aussichten für die Verwendung des Atomenergieantriebs in Flugzeugen der Zivilluftfahrt liegen in noch weiterer Ferne, denn zu den wirtschaftlichen Schwierigkeiten kommen noch die großen Gefahren der radioaktiven Verseuchung eines weiten Gebietes, die bei einem Flugzeugabsturz bestehen würden. Die Vereinigten Staaten sollen sich im Augenblick ernsthaft mit diesem Problem im Zusammenhang mit der Militärluftfahrt befassen. Wir sind im Augenblick damit zufrieden, dieses Problem ihnen überlassen zu können.

Ich möchte jetzt auf einige Probleme bei der Entwicklung eines größeren Atomenergieprogramms zu sprechen kommen. Vor schwierige technologische Probleme stellt uns die Strahlungswirkung auf Bestandteile des Reaktors, besonders auf Brennstoffelemente und flüssige Brennstoffe.

Die Frage der Wirtschaftlichkeit der Reaktoren der 1. und 2. Stufe, die feste Brennstoffe verwenden, hängt weitgehend von der Wärmegewinnung je Umlauf ab. Die Brennstoffstäbe müssen mehrere Jahre in den Reaktoren verbleiben und schwere Strahlungsschäden aushalten können. Es ist daher unerläßlich, großzügig angelegte Prüfeinrichtungen für die Brennstoffstäbe von Reaktoren, die mit festen Brennstoffen arbeiten, zur Verfügung zu haben. Es ist ferner wesentlich, die Strahlungswirkung auf flüssige Brennstoffe, die für homogene Reaktoren vorgesehen sind, genau zu untersuchen. Wir glauben daher, daß Prüfreaktoren mit hohen Neutronenintensitäten benötigt werden, nach Möglichkeit weit höheren als denen der Leistungs-

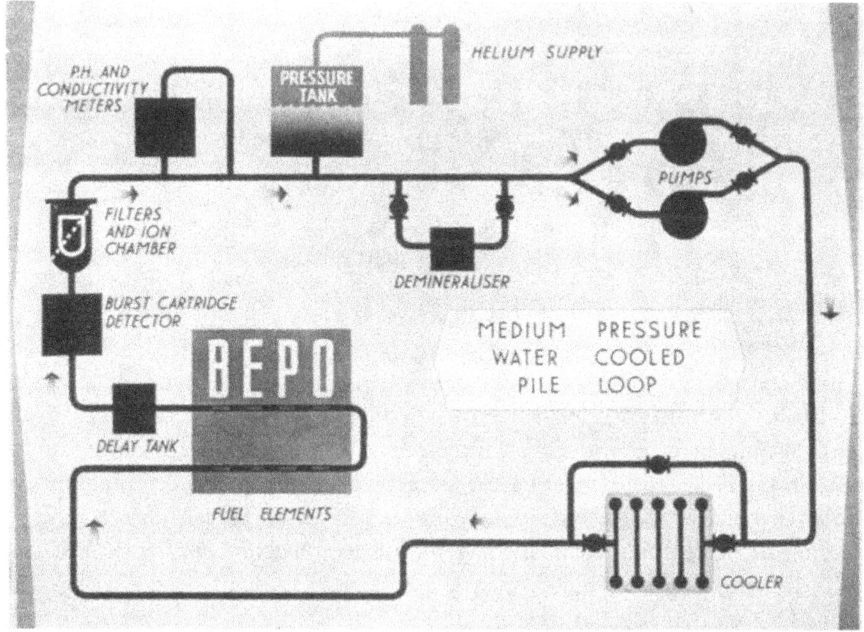

Abb. 21: Schema eines Reaktorkühlkreislaufs

reaktoren, deren Erforschung sie dienen, da die Prüfzeit dadurch eine Ver-
kürzung erfährt. Wir bauen aus diesem Grunde in Harwell zwei mit
schwerem Wasser arbeitende Forschungs- und Prüfreaktoren, die unter der
Bezeichnung DIDO und PLUTO bekannt sind. Diese entwickeln 10 MW
Wärmeleistung und erzeugen einen Neutronenfluß von 10^{14} je cm² und sec
– also etwa fünfzigmal soviel, wie uns heute in unserem bewährten und
immer noch brauchbaren graphitmoderierten Forschungsreaktor BEPO zur
Verfügung steht.

Abb. 22: Der Forschungsreaktor „BEPO" in Harwell

BEPO (Abb. 21, 22) hat ein großes Volumen, aber einen niedrigen Fluß.
Sein Volumen ermöglicht es, mindestens 50 Versuche gleichzeitig durch-
zuführen. DIDO dürfte etwa 10 unterbringen. Beide Reaktoren können
radioaktive Isotope herstellen – BEPO stellt seit 8 Jahren unsere Haupt-
versorgungsquelle dar. Sein niedriger Fluß begrenzt die spezifische Aktivität, die wir bei gewissen Isotopen wie etwa Radiokobalt herstellen können
– DIDO wird in der Lage sein, 50 000 Curies Radiokobalt pro Jahr mit
höherer spezifischer Aktivität herzustellen. Die Reaktoren DIDO und

PLUTO besitzen Brennstoffelemente, die ungefähr 3 kg U^{235} enthalten. Diese müssen monatlich ersetzt, chemisch aufbereitet und wiederhergestellt werden. Der jährliche Brennstoffverbrauch beträgt etwa 4 kg. Diese Reaktoren sind daher kostspielig im Betrieb, trotzdem aber für ein groß angelegtes Energieerzeugungsprogramm unerläßlich.

Ein Konkurrent des mit schwerem Wasser arbeitenden Forschungsreaktors ist ein Typ, der zwar die gleichen Brennstoffelemente, aber als Moderator gewöhnliches Wasser verwendet. Ein Beispiel hierfür ist der amerikanische Reaktor für Werkstoffprüfungen, der 40 MW Wärme entwickelt. Der mit schwerem Wasser arbeitende Reaktor liefert ein größeres Volumen für Versuchsarbeiten und hat den Vorteil, daß der Intensitätsgradient nicht so groß ist. Das ist auch der Grund dafür, daß wir schweres Wasser gewählt haben.

Ein Reaktor kleiner Leistung wird in unserem Programm für die Kontrolle der kernphysikalischen Eigenschaften von metallischem Uran und Graphit benötigt – hierfür verwenden wir unseren Reaktor GLEEP, der 100 kW Leistung entwickelt. Es ist dies der denkbar einfachste Typ eines Reaktors mit einem Graphitkern und ungefähr 20 Tonnen U in Form von Stäben.

Schürfung, Abbau und Aufbereitung von Erz	1
Reinigung und Reduzierung	1—3
Anreicherung	40—80
Brennstoffelementherstellung, kalt	5
Brennstoffelementherstellung, radioaktiv	15
Herstellung von schwerem Wasser	30—50
Herstellung von Zirkonium	1—2
Kernreaktorkraftwerk	210—250
Brennstoffbestand	20—40
Umfassung	10—20
Brennstoffverarbeitung	30—60

Abb. 23: Investitionskosten pro kW elektrische Leistung in US-Dollars
Entnommen den Beiträgen der V. S. A. E. C., 1955

Weitere Reaktoren, die man für ein Energieerzeugungsprogramm benötigt, sind die Null-Energiereaktoren. Sie werden gebaut, um das kernphysikalische Verhalten von Reaktoren natürlicher Größe, die einen Teil unseres Energieerzeugungsprogramms bilden sollen, zu prüfen. Beispiele für Null-Energiereaktoren sind die in Harwell bestehenden Reaktoren

DIMPLE, ZEPHYR und ZEUS, mit denen die *kernphysikalischen Eigenschaften von wassermoderierten Reaktoren und schnellen Reaktoren* untersucht werden. Neue Typen von Experimentierreaktoren befinden sich noch im Bau. Der schnelle 60-Megawatt-Experimentierreaktor ist ein Beispiel eines solchen Reaktors. Wir beabsichtigen auch einen homogenen Reaktor für Versuchszwecke zu bauen. Die Vereinigten Staaten haben eine ganze Reihe solcher Versuchsreaktoren gebaut.

Interessante Zahlen wurden den Sitzungsteilnehmern der Genfer Konferenz über die gesamte Kapitalinvestierung pro MW Elektrizität vorgelegt (vgl. Abb. 23). Im allgemeinen fallen die Kapitalkosten schnell mit zunehmender Betriebsgröße. Zentralisierte Großanlagen ergeben daher sowohl für die Forschung wie für die ganze Betriebswirtschaft beträchtliche Vorteile.

Ich möchte noch einige Bemerkungen machen über die Herstellung und Anwendung von radioaktiven Isotopen. Diese kommen aus zwei Quellen: aus Material, das in unseren Reaktoren bestrahlt wurde, und aus den radioaktiven Abfallprodukten. Bisher haben wir sie hauptsächlich aus der ersteren

Abb. 24: Verarbeitung der aus „BEPO" entnommenen Isotope

Abb. 25: Entnahme von Isotopen aus dem Reaktor „BEPO" in Harwell

Quelle bezogen. Die Abbildungen 24 und 25 zeigen ihre Entnahme aus dem
BEPO-Reaktor und ihre Handhabung.

Einige dieser Radioisotope sind nach der Bestrahlung direkt gebrauchs-
fertig und werden unmittelbar auf dem Land- oder Luftwege von Harwell
an den Verbraucher geliefert. Sie können selbst die entferntesten Punkte der

südlichen Hemisphäre in 5 bis 6 Tagen erreichen. Isotope, die chemische Verarbeitung erfordern, werden zu einem Zweigwerk von Harwell zum Radiochemical Centre in Amersham gesandt. Hier wird z. B. radioaktives kolloidales Gold für Injektionen in Lungentumore hergestellt. Radioaktiver Kohlenstoff wird in komplizierte organische Verbindungen eingebaut, entweder auf dem Wege über die organische Chemie, oder über Pflanzen, Bakterien oder Tiere. Abb. 26 zeigt eine Reihe der erzeugten Verbindungen.

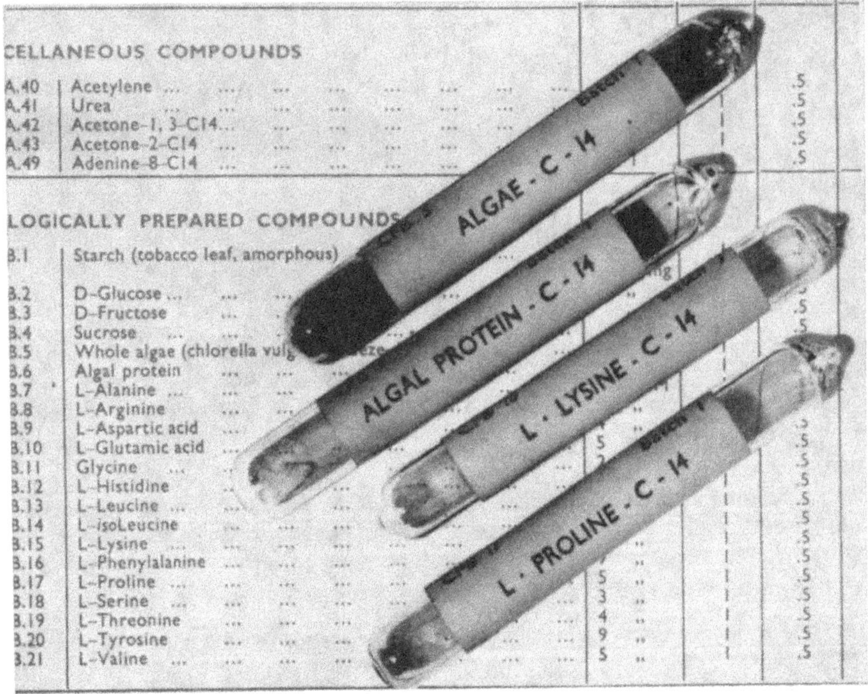

Abb. 26: Einige der im „Radiochemical Centre Amersham" hergestellten organischen Radiokohlenstoffverbindungen

Zur Zeit schicken wir nach Deutschland jährlich ungefähr 1094 Sendungen von Isotopen. Ihre Kosten belaufen sich auf etwa £ 6000 pro Jahr, ein geringer Preis gegenüber ihrer Bedeutung.

Allmählich beginnen wir jetzt auch damit, nützliche Isotope, z. B. Radiocäsium aus den radioaktiven Abfallprodukten des Spaltprozesses zu gewinnen. Trennungen in der Größenordnung 10 Curie sind bereits seit einiger Zeit in Amersham im Gange, und die Laboratorien in Windscale haben in letzter Zeit eine Kilo-Curie-Quelle für ein britisches Krankenhaus abgetrennt. Wir rechnen aber noch mit vielen weiteren Kilo-Curie-Quellen. Ebenso erwarten wir, weit stärkere Präparate für die Industriechemie herstellen zu können. Die Verfügbarkeit dieser radioaktiven Abfallprodukte eröffnet die Möglichkeit der Schaffung billiger Strahlungsquellen, die vielleicht zu der Gründung eines neuen Fachgebietes, der industriellen Strahlenchemie, führen wird. Zahlreiche interessante potentielle Anwendungsbereiche werden zur Zeit untersucht. Die Polymerisation von Äthylen zu Polyäthylen ist allgemein bekannt, ebenso die Wirkung der Strahlung bei der Verbesserung der Temperaturbeständigkeit von Polyäthylen. In England und den Vereinigten Staaten ist eine ausgedehnte Erforschung der Strahlungschemie vieler möglicher Reaktionen, die von industrieller Bedeutung sind, wie die Halogenisation, im Gange. Die Anwendung bei der Sterilisierung von Lebensmitteln und Medikamenten wird im Augenblick ebenfalls untersucht. Doch ist der Zeitpunkt zu einer Voraussage über die Entwicklung der Strahlungschemie noch zu früh. Unsere Chemiker sind jedoch der Meinung, daß die Verwendung von Strahlen für Zwecke der Industrie eines Tages gleiche Bedeutung gewinnen wird wie die Energieerzeugung aus Atomkraft.

Die Entwicklung der Atomenergieerzeugung und der Verwendung von Strahlung für industrielle Zwecke muß in einer Weise betrieben werden, daß die Sicherheit der Arbeiter in den Betrieben und darüber hinaus der Gesamtbevölkerung gewährleistet ist. Sie haben schon viel gehört über die Gefahren der Strahlen, sowohl über die unmittelbaren Gefahren wie über die langfristigen genetischen Risiken.

Wir haben von Anfang an mit Biologen und Biophysikern zusammengearbeitet, um Sicherheitsvorschriften für unser eigenes Personal auszuarbeiten, und ihre Empfehlungen sind Bestandteil der von der "International Commission für Radiological Protection" herausgegebenen sogenannten Toleranzdosen geworden. Es war für uns von Interesse zu erfahren, daß die Sowjetunion Toleranzdosen ähnlicher Höhe eingeführt hat. Wir glauben, daß jedes Land, welches diese Normen bei sich einführt, die Sicherheit seiner Industrie gewährleistet.

Wir haben weiter die Pflicht, darauf zu achten, daß der Strahlenuntergrund in der Welt infolge der Entwicklung der Atomenergie sich nicht so weit über die normale Strahlenbelastung durch die Höhenstrahlung, das Radium in der Erde und das Kalium in unserem Blut erhöht, daß genetische Störungen auftreten könnten. Je nachdem, welchen Teil der Erdkugel wir bewohnen, erhalten wir aus diesen naturgegebenen Ursachen eine Dosis von 3 bis 6 Röntgen. Die Sachverständigenausschüsse des Medizinischen Forschungsrates des Vereinigten Königreichs und der Amerikanischen Akademie der Wissenschaften prüfen zur Zeit solche Strahlungsgefahren und werden zweifellos empfehlen, welche Steigerung über den natürlichen Untergrund hinaus gestattet werden kann.

Wir wissen, daß unsere gegenwärtigen, im Dienste des Friedens stehenden Arbeiten die Strahlenbelastung der Gesamtbevölkerung nur unwesentlich vergrößern. Nach unserer Ansicht sollten wir in der Lage sein, durch die Einhaltung allgemeinverbindlicher Arbeitsvorschriften, durch die die Ausblasung radioaktiver Gase in die Atmosphäre bzw. die Ableitung radioaktiver Flüssigkeiten in die Weltmeere geregelt wird, jegliches genetische Risiko weitestgehend zu vermeiden.

Zum Schluß darf ich für die Regierung des Vereinigten Königreiches unsere Bereitschaft zum Ausdruck bringen, deutsche Wissenschaftler und Industrien bei der Entwicklung eines deutschen Atomenergieprogramms zu beraten. Ich sehe hier manche deutsche Freunde, wie die Professoren Hahn, Heisenberg und Paneth, und eine enge Zusammenarbeit mit Ihnen wäre mir persönlich besonders angenehm. Die Zusammenarbeit, die sich zwischen europäischen Ländern auf dem Gebiet der Kernphysik durch das Laboratorium der C.E.R.N. in Genf schon entwickelt hat, wird jetzt bereits durch die europäische Gesellschaft für Atomenergie, die Zusammenkünfte der Fachwissenschaftler mit eingehenden Aussprachen über die technischen Probleme veranstaltet, auf das Gebiet der Atomenergie ausgedehnt.

VERÖFFENTLICHUNGEN DER ARBEITSGEMEINSCHAFT FÜR FORSCHUNG DES LANDES NORDRHEIN-WESTFALEN

NATURWISSENSCHAFTEN

HEFT 12
Dr. Hermann Rathert, Wuppertal-Elberfeld
Entwicklung auf dem Gebiet der Chemiefaser-
Herstellung
Prof. Dr. Wilhelm Weltzien, Krefeld
Rohstoff und Veredlung in der Textilwirtschaft
1952, 84 Seiten, 29 Abb., kartoniert, DM 4,80

HEFT 13
Dr.-Ing. E. h. Karl Herz, Frankfurt a. M.
Die technischen Entwicklungstendenzen im elek-
trischen Nachrichtenwesen
Staatssekretär Prof. Leo Brandt, Düsseldorf
Navigation und Luftsicherung
1952, 102 Seiten, 97 Abb., kartoniert, DM 7,25

HEFT 14
Prof. Dr. Burckhardt Helferich, Bonn
Stand der Enzymchemie und ihre Bedeutung
Prof. Dr. Hugo Wilhelm Knipping, Köln
Ausschnitt aus der klinischen Carcinomforschung
am Beispiel des Lungenkrebses
1952, 72 Seiten, 12 Abb., kartoniert, DM 4,30

HEFT 15
Prof. Dr. Abraham Esau †, Aachen
Ortung mit elektrischen und Ultraschallwellen in
Technik und Natur
Prof. Dr.-Ing. Eugen Flegler, Aachen
Die ferromagnetischen Werkstoffe der Elektro-
technik und ihre neueste Entwicklung
1953, 84 Seiten, 25 Abb., kartoniert, DM 4,80

HEFT 16
Prof. Dr. Rudolf Seyffert, Köln
Die Problematik der Distribution
Prof. Dr. Theodor Beste, Köln
Der Leistungslohn
1952, 70 Seiten, 1 Abb., kartoniert, DM 3,50

HEFT 17
Prof. Dr.-Ing. Friedrich Seewald, Aachen
Luftfahrtforschung in Deutschland und ihre Be-
deutung für die allgemeine Technik
Prof. Dr.-Ing. Edouard Houdremont, Essen
Art und Organisation der Forschung in einem
Industrieforschungsinstitut der Eisenindustrie
1953, 90 Seiten, 4 Abb., kartoniert, DM 4,20

HEFT 18
Prof. Dr. Dr. Werner Schulemann, Bonn
Theorie und Praxis pharmakologischer Forschung
Prof. Dr. Wilhelm Groth, Bonn
Technische Verfahren zur Isotopentrennung
1953, 72 Seiten, 17 Abb., kartoniert, DM 4,—

HEFT 19
Dipl.-Ing. Kurt Traenckner, Essen
Entwicklungstendenzen der Gaserzeugung
1953, 26 Seiten, 12 Abb., kartoniert, DM 1,60

HEFT 20
M. Zvegintzow, London
Wissenschaftliche Forschung und die Auswertung
ihrer Ergebnisse
Ziel und Tätigkeit der National Research
Development Corporation
Dr. Alexander King, London
Wissenschaft und internationale Beziehungen
1954, 88 Seiten, kartoniert, DM 4,20

HEFT 21
Prof. Dr. Robert Schwarz, Aachen
Wesen und Bedeutung der Silicium-Chemie
Prof. Dr. Dr. h. c. Kurt Alder, Köln
Fortschritte in der Synthese von Kohlenstoff-
verbindungen
1954, 76 Seiten, 49 Abb., kartoniert, DM 4,—

HEFT 21a
Prof. Dr. Dr. h. c. Otto Hahn, Göttingen
Die Bedeutung der Grundlagenforschung für die
Wirtschaft
Prof. Dr. Siegfried Strugger, Münster
Die Erforschung des Wasser- und Nährsalztrans-
portes im Pflanzenkörper mit Hilfe der fluoreszenz-
mikroskopischen Kinematographie
1953, 74 Seiten, 26 Abb., kartoniert, DM 5,—

HEFT 22
Prof. Dr. Johannes von Allesch, Göttingen
Die Bedeutung der Psychologie im öffentlichen
Leben
Prof. Dr. Otto Graf, Dortmund
Triebfedern menschlicher Leistung
1953, 80 Seiten, 19 Abb., kartoniert, DM 4,—

HEFT 23
Prof. Dr. Dr. h. c. Bruno Kuske, Köln
Zur Problematik der wirtschaftswissenschaftlichen
Raumforschung
Prof. Dr. Dr.-Ing. E. h. Stephan Prager, Düsseldorf
Städtebau und Landesplanung
1954, 84 Seiten, kartoniert, DM 3,50

HEFT 24
Prof. Dr. Rolf Danneel, Bonn
Über die Wirkungsweise der Erbfaktoren
Prof. Dr. Kurt Herzog, Krefeld
Bewegungsbedarf der menschlichen Gliedmaßen-
gelenke bei der Berufsarbeit
1953, 76 Seiten, 18 Abb., kartoniert, DM 4,—

HEFT 25
Prof. Dr. Otto Haxel, Heidelberg
Energiegewinnung aus Kernprozessen
Dr.-Ing. Dr. Max Wolf, Düsseldorf
Gegenwartsprobleme der energiewirtschaftlichen
Forschung
1953, 98 Seiten, 27 Abb., kartoniert, DM 5,25

HEFT 26
Prof. Dr. Friedrich Becker, Bonn
Ultrakurzwellenstrahlung aus dem Weltraum
Dr. Hans Straßl, Bonn
Bemerkenswerte Doppelsterne und das Problem
der Sternentwicklung
1954, 70 Seiten, 8 Abb., kartoniert, DM 3,60

HEFT 27
Prof. Dr. Heinrich Behnke, Münster
Der Strukturwandel der Mathematik in der ersten
Hälfte des 20. Jahrhunderts
Prof. Dr. Emanuel Sperner, Hamburg
Eine mathematische Analyse der Luftdruckvertei-
lungen in großen Gebieten
1956, 96 Seiten, 12 Abb, 5 Tab., kartoniert, DM 5,—

HEFT 28
Prof. Dr. Oskar Niemczyk, Aachen
Die Problematik gebirgsmechanischer Vorgänge im
Steinkohlenbergbau
Prof. Dr. Wilhelm Ahrens, Krefeld
Die Bedeutung geologischer Forschung für die
Wirtschaft, besonders in Nordrhein-Westfalen
1955, 96 Seiten, 12 Abb., kartoniert, DM 5,25

HEFT 29
Prof. Dr. Bernhard Rensch, Münster
Das Problem der Residuen bei Lernleistungen

Prof. Dr. Hermann Fink, Köln
Über Leberschäden bei der Bestimmung des biologischen Wertes verschiedener Eiweiße von Mikroorganismen
1954, 96 Seiten, 23 Abb., kartoniert, DM 5,25

HEFT 30
Prof. Dr.-Ing. Friedrich Seewald, Aachen
Forschungen auf dem Gebiete der Aerodynamik

Prof. Dr.-Ing. Karl Leist, Aachen
Einige Forschungsarbeiten aus der Gasturbinentechnik
1955, 98 Seiten, 45 Abb., kartoniert, DM 7,—

HEFT 31
Prof. Dr.-Ing. Dr. h. c. Fritz Mietzsch, Wuppertal
Chemie und wirtschaftliche Bedeutung der Sulfonamide

Prof. Dr. Dr. h. c. Gerhard Domagk, Wuppertal
Die experimentellen Grundlagen der bakteriellen Infektionen
1954, 82 Seiten, 2 Abb., kartoniert, DM 4,—

HEFT 32
Prof. Dr. Hans Braun, Bonn
Die Verschleppung von Pflanzenkrankheiten und -schädigungen über die Welt

Prof. Dr. Wilhelm Rudorf, Voldagsen
Der Beitrag von Genetik und Züchtung zur Bekämpfung von Viruskrankheiten der Nutzpflanzen
1953, 88 Seiten, 36 Abb., kartoniert, DM 5,—

HEFT 33
Prof. Dr.-Ing. Volker Aschoff, Aachen
Probleme der elektroakustischen Einkanalübertragung

Prof. Dr.-Ing. Herbert Döring, Aachen
Erzeugung und Verstärkung von Mikrowellen
1954, 74 Seiten, 23 Abb., kartoniert, DM 4,30

HEFT 34
Geheimrat Prof. Dr. Dr. Rudolf Schenck, Aachen
Bedingungen und Gang der Kohlenhydratsynthese im Licht

Prof. Dr. Emil Lehnartz, Münster
Die Endstufen des Stoffabbaues im Organismus
1954, 80 Seiten, 11 Abb., kartoniert, DM 4,20

HEFT 35
Prof. Dr.-Ing. Hermann Schenck, Aachen
Gegenwartsprobleme der Eisenindustrie in Deutschland

Prof. Dr.-Ing. Eugen Piwowarsky †, Aachen
Gelöste und ungelöste Probleme im Gießereiwesen
1954, 110 Seiten, 67 Abb., kartoniert, DM 6,50

HEFT 36
Prof. Dr. Wolfgang Riezler, Bonn
Teilchenbeschleuniger

Prof. Dr. Gerhard Schubert, Hamburg
Anwendung neuer Strahlenquellen in der Krebstherapie
1954, 104 Seiten, 43 Abb., kartoniert, DM 7,—

HEFT 37
Prof. Dr. Franz Lotze, Münster
Probleme der Gebirgsbildung

Bergwerksdirektor Bergassessor a.D. G. Rauschenbach, Essen
Die Erhaltung der Förderungskapazität des Ruhrbergbaues auf lange Sicht
in Vorbereitung

HEFT 38
Dr. E. Colin Cherry, London
Kybernetik

Prof. Dr. Erich Pietsch, Clausthal-Zellerfeld
Dokumentation und mechanisches Gedächtnis — zur Frage der Ökonomie der geistigen Arbeit
1954, 108 Seiten, 31 Abb., kartoniert, DM 5,25

HEFT 39
Dr. Heinz Haase, Hamburg
Infrarot und seine technischen Anwendungen

Prof. Dr. Abraham Esau †, Aachen
Ultraschall und seine technischen Anwendungen
1955, 80 Seiten, 25 Abb., kartoniert, DM 4,80

HEFT 40
Bergassessor Fritz Lange, Bochum-Hordel
Die wirtschaftliche und soziale Bedeutung der Silikose im Bergbau

Prof. Dr. Walter Kikuth, Düsseldorf
Die Entstehung der Silikose und ihre Verhütungsmaßnahmen
1954, 120 Seiten, 40 Abb., kartoniert, DM 7,25

HEFT 40a
Prof. Dr. Eberhard Gross, Bonn
Berufskrebs und Krebsforschung

Prof. Dr. Hugo Wilhelm Knipping, Köln
Die Situation der Krebsforschung vom Standpunkt der Klinik
1955, 88 Seiten, 31 Abb., kartoniert, DM 5,—

HEFT 41
Direktor Dr.-Ing. Gustav-Victor Lachmann, London
An einer neuen Entwicklungsschwelle im Flugzeugbau

Direktor Dr.-Ing. A. Gerber, Zürich-Oerlikon
Stand der Entwicklung der Raketen- und Lenktechnik
1955, 88 Seiten, 44 Abb., kartoniert, DM 6,—

HEFT 42
Prof. Dr. Theodor Kraus, Köln
Lokalisationsphänomene und Raumordnung vom Standpunkt der geographischen Wissenschaft

Direktor Dr. Fritz Gummert, Essen
Vom Ernährungsversuchsfeld der Kohlenstoffbiologischen Forschungsstation Essen
in Vorbereitung

HEFT 42a
Prof. Dr. Dr. h. c. Gerhard Domagk, Wuppertal
Fortschritte auf dem Gebiet der experimentellen Krebsforschung
1954, 46 Seiten, kartoniert, DM 2,—

HEFT 43
Prof. Giovanni Lampariello, Rom
Über Leben und Werk von Heinrich Hertz

Prof. Dr. Walter Weizel, Bonn
Über das Problem der Kausalität in der Physik
1955, 76 Seiten, kartoniert, DM 3,30

HEFT 43a
Prof. Dr. José Ma Albareda, Madrid
Die Entwicklung der Forschung in Spanien
1956, 68 Seiten, 18 Abb., kartoniert

HEFT 44
Prof. Dr. Burckhardt Helferich, Bonn
Über Glykoside

Prof. Dr. Fritz Micheel, Münster
Kohlenhydrat-Eiweiß-Verbindungen und ihre biochemische Bedeutung
1956, 70 Seiten, 67 Abb., kartoniert

HEFT 45
Prof. Dr. John von Neumann, Princeton, USA
Entwicklung und Ausnutzung neuerer mathematischer Maschinen
Prof. Dr. E. Stiefel, Zürich
Rechenautomaten im Dienste der Technik mit Beispielen aus dem Züricher Institut für angewandte Mathematik
1955, 74 Seiten, 6 Abb., kartoniert, DM 3,50

HEFT 46
Prof. Dr. Wilhelm Weltzien, Krefeld
Ausblick auf die Entwicklung synthetischer Fasern
Prof. Dr. Walther Hoffmann, Münster
Wachstumsformen der Industriewirtschaft
in Vorbereitung

18 NEUE FORSCHUNGSSTELLEN
im Land Nordrhein-Westfalen
1954, 176 Seiten, 70 Abb., kartoniert, DM 10,—

HEFT 47
Staatssekretär Prof. Leo Brandt, Düsseldorf
Die praktische Förderung der Forschung in Nordrhein-Westfalen
Prof. Dr. Ludwig Raiser, Bad Godesberg
Die Förderung der angewandten Forschung durch die Deutsche Forschungsgemeinschaft
in Vorbereitung

HEFT 48
Dr. Hermann Tromp, Rom
Bestandsaufnahme der Wälder der Welt als internationale und wissenschaftliche Aufgabe
Prof. Dr. Franz Heske, Schloß Reinbek
Die Wohlfahrtswirkungen des Waldes als internationales Problem
in Vorbereitung

HEFT 49
Präsident Dr. G. Böhnecke, Hamburg
Zeitfragen der Ozeanographie
Reg.-Direktor Dr. H. Gabler, Hamburg
Nautische Technik und Schiffssicherheit
1955, 120 Seiten, 49 Abb., kartoniert, DM 7,50

HEFT 50
Prof. Dr.-Ing. Friedrich A. F. Schmidt, Aachen
Probleme der Selbstzündung und Verbrennung bei der Entwicklung der Hochleistungskraftmaschinen
Prof. Dr.-Ing. A. W. Quick, Aachen
Ein Verfahren zur Untersuchung des Austauschvorganges in verwirbelten Strömungen hinter Körpern mit abgelöster Strömung
1956, 88 Seiten, 38 Abb., kartoniert, DM 6,20

HEFT 51
Prof. Dr. Siegfried Strugger, Münster
Struktur, Entwicklungsgeschichte und Physiologie der Chloroplasten
Direktor Dr. J. Pätzold, Erlangen
Therapeutische Anwendung mechanischer und elektrischer Energie
in Vorbereitung

HEFT 52
Mr. F. A. W. Patmore, London
Der Air Registration Board und seine Aufgaben im Dienst der britischen Flugzeugindustrie
Prof. A. D. Young, Cranfield
Gestaltung der Lehrtätigkeit in der Luftfahrttechnik in Großbritannien
1956, 92 Seiten, 16 Abb., kartoniert, DM 4,65

JAHRESFEIER 1955
Prof. Dr. Josef Pieper, Münster
Über den Philosophie-Begriff Platons
Prof. Dr. Walter Weizel, Bonn
Die Mathematik und die physikalische Realität
1955, 62 Seiten, kartoniert, DM 2,90

HEFT 52a
Dr. D. C. Martin, London
Geschichte und Organisation der Royal Society
Dr. Roux, Südafrika
Probleme der wissenschaftlichen Forschung in der Südafrikanischen Union
in Vorbereitung

HEFT 53
Prof. Dr.-Ing. Georg Schnadel, Hamburg
Forschungsaufgaben zur Untersuchung der Festigkeitsprobleme im Schiffsbau
Prof. Dipl.-Ing. Wilhelm Sturtzel, Duisburg
Forschungsaufgaben zur Untersuchung der Widerstandsprobleme im Schiffsbau
in Vorbereitung

HEFT 53a
Prof. Giovanni Lampariello, Rom
Von Galilei zu Einstein
1956, 92 Seiten, kartoniert, DM 4,20

HEFT 54
Prof. Dr. Julius Bartels, Göttingen
Sonne und Erde — das Thema des internationalen geophysikalischen Jahres
Direktor Dr. Walter Dieminger, Lindau/Harz
Ionosphäre und drahtloser Weitverkehr
in Vorbereitung

HEFT 54a
Sir John Cockcroft, London
Die friedliche Anwendung der Atomenergie

HEFT 55
Prof. Dr.-Ing. Fritz Schultz-Grunow, Aachen
Das Kriechen und Fließen hochzäher und plastischer Stoffe
Prof. Dr.-Ing. Hans Ebner, Aachen
Wege und Ziele der Festigkeitsforschung besonders im Hinblick auf den Leichtbau
in Vorbereitung

HEFT 56
Prof. Dr. Ernst Derra, Düsseldorf
Der Entwicklungsstand der Herzchirurgie
Prof. Dr. Gunther Lehmann, Dortmund
Muskelarbeit und Muskelermüdung in Theorie und Praxis
in Vorbereitung

HEFT 57
Prof. Dr. Theodor von Kármán, Pasadena
Freiheit und Organisation in der Luftfahrtforschung
Staatssekretär Prof. Leo Brandt, Düsseldorf
Bericht über den Wiederbeginn deutscher Luftfahrtforschung
in Vorbereitung

HEFT 58
Prof. Dr. Fritz Schröter, Ulm
Neue Forschungs- und Entwicklungsrichtungen im Fernsehen
Prof. Dr. Albert Narath, Berlin
Der gegenwärtige Stand der Filmtechnik
1956, 92 Seiten, 16 Abb., kartoniert

HEFT 59
Prof. Dr. Richard Courant, New York
Die Bedeutung der modernen mathematischen
Rechenmaschinen für mathematische Probleme der
Hydrodynamik und Reaktortechnik
Prof. Dr. Ernst Peschl, Bonn
Die Rolle der komplexen Zahlen in der Mathe-
matik und die Bedeutung der komplexen Analysis
in Vorbereitung

HEFT 60
Prof. Dr. Wolfgang Flaig, Braunschweig
Grundlagenforschung auf dem Gebiet des Humus
und der Bodenfruchtbarkeit
Prof. Dr. Dr. Eduard Mückenhausen, Bonn
Typologische Bodenentwicklung und Bodenfrucht-
barkeit
in Vorbereitung

HEFT 61
Dr. Klaus Oswatitsch, Aachen
Gelöste und ungelöste Probleme der Gasdynamik
Prof. Dr. W. Georgii, München
Aerophysikalische Flugforschung
in Vorbereitung

HEFT 62
Prof. Dr. A. Butenandt, Tübingen
Über die Analyse der Erbfaktorenwirkung und
ihre Bedeutung für biochemische Fragestellungen
Prof. Dr. J. Straub, Köln
Quantitative Genwirkung bei Polyploiden
in Vorbereitung

GEISTESWISSENSCHAFTEN

HEFT 1
Prof. Dr. Werner Richter, Bonn
Die Bedeutung der Geisteswissenschaften für die
Bildung unserer Zeit
Prof. Dr. Joachim Ritter, Münster
Die aristotelische Lehre vom Ursprung und Sinn
der Theorie
1953, 64 Seiten, kartoniert, DM 2,90

HEFT 2
Prof. Dr. Josef Kroll, Köln
Elysium
Prof. Dr. Günther Jachmann, Köln
Die vierte Ekloge Vergils
1953, 72 Seiten, kartoniert, DM 2,90

HEFT 3
Prof. Dr. Hans Erich Stier, Münster
Die klassische Demokratie
1954, 100 Seiten, kartoniert, DM 4,50

HEFT 4
Prof. Dr. Werner Caskel, Köln
Lihyan und Lihyanisch. Sprache und Kultur eines
früharabischen Königreiches
1954, 168 Seiten, 6 Abb., kartoniert, DM 8,25

HEFT 5
Prof. Dr. Thomas Ohm, Münster
Stammesreligionen im südlichen Tanganyika-
Territorium
1953, 80 Seiten, 25 Abb., kartoniert, DM 8,—

HEFT 6
Prälat Prof. Dr. Dr. h. c. Georg Schreiber, Münster
Deutsche Wissenschaftspolitik von Bismarck bis zum
Atomwissenschaftler Otto Hahn
1954, 102 Seiten, 7 Abb., kartoniert, DM 5,—

HEFT 7
Prof. Dr. Walter Holtzmann, Bonn
Das mittelalterliche Imperium und die werdenden
Nationen
1953, 28 Seiten, kartoniert, DM 1,30

HEFT 8
Prof. Dr. Werner Caskel, Köln
Die Bedeutung der Beduinen in der Geschichte der
Araber
1954, 44 Seiten, kartoniert, DM 2,—

HEFT 9
Prälat Prof. Dr. Dr. h. c. Georg Schreiber, Münster
Irland im deutschen und abendländischen Sakral-
raum
1956, 128 Seiten, 20 Abb., kartoniert, DM 9,—

HEFT 10
Prof. Dr. Peter Rassow, Köln
Forschungen zur Reichsidee im 16. und 17. Jahr-
hundert
1955, 32 Seiten, kartoniert, DM 1,50

HEFT 11
Prof. Dr. Hans Erich Stier, Münster
Roms Aufstieg zur Weltherrschaft
in Vorbereitung

HEFT 12
Prof. D. Karl Heinrich Rengstorf, Münster
Mann und Frau im Urchristentum
Prof. Dr. Hermann Conrad, Bonn
Grundprobleme einer Reform des Familienrechts
1954, 106 Seiten, kartoniert, DM 4,50

HEFT 13
Prof. Dr. Max Braubach, Bonn
Der Weg zum 20. Juli 1944
1953, 48 Seiten, kartoniert, DM 2,20

HEFT 14
Prof. Dr. Paul Hübinger, Münster
Das deutsch-französische Verhältnis und seine
mittelalterlichen Grundlagen
in Vorbereitung

HEFT 15
Prof. Dr. Franz Steinbach, Bonn
Der geschichtliche Weg des wirtschaftenden Men-
schen in die soziale Freiheit und politische Ver-
antwortung
1954, 76 Seiten, kartoniert, DM 2,90

HEFT 16
Prof. Dr. Josef Koch, Köln
Die Ars coniecturalis des Nikolaus von Cues
1956, 56 Seiten, 2 Abb., kartoniert, DM 2,90

HEFT 17
Prof. Dr. James Conant,
US-Hochkommissar für Deutschland
Staatsbürger und Wissenschaftler
Prof. D. Karl Heinrich Rengstorf, Münster
Antike und Christentum
1953, 48 Seiten, 2 Abb., kartoniert, DM 2,90

HEFT 18
Prof. Dr. Richard Alewyn, Köln
Klopstocks Publikum
in Vorbereitung

HEFT 19
Prof. Dr. Fritz Schalk, Köln
Das Lächerliche in der französischen Literatur des
Ancien Régime
1954, 42 Seiten, kartoniert, DM 2,—

HEFT 20
Prof. Dr. Ludwig Raiser, Bad Godesberg
Rechtsfragen der Mitbestimmung
1954, 48 Seiten, kartoniert, DM 2,—

HEFT 21
Prof. D. Martin Noth, Bonn
Das Geschichtsverständnis der alttestamentlichen
Apokalyptik
1953, 36 Seiten, kartoniert, DM 1,60

HEFT 22
Prof. Dr. Walter F. Schirmer, Bonn
Glück und Ende des Könige in Shakespeares
Historien
1954, 32 Seiten, kartoniert, DM 1,50

HEFT 23
Prof. Dr. Günther Jachmann, Köln
Der homerische Schiffskatalog und die Ilias
in Vorbereitung

HEFT 24
Prof. Dr. Theodor Klauser, Bonn
Die römischen Petrustraditionen im Lichte der
neuen Ausgrabungen unter der Peterskirche
in Vorbereitung

HEFT 25
Prof. Dr. Hans Peters, Köln
Die Gewaltentrennung in moderner Sicht
1955, 48 Seiten, kartoniert, DM 2,20

HEFT 26
Prof. Dr. Fritz Schalk, Köln
Calderon und die Mythologie
in Vorbereitung

HEFT 27
Prof. Dr. Josef Kroll, Köln
Vom Leben geflügelter Worte
in Vorbereitung

HEFT 28
Prof. Dr. Thomas Ohm, Münster
Die Religionen in Asien
1954, 50 Seiten, 4 Abb., kartoniert, DM 5,—

HEFT 29
Prof. Dr. Johann Leo Weisgerber, Bonn
Die Ordnung der Sprache im persönlichen und
öffentlichen Leben
1955, 64 Seiten, kartoniert, DM 2,90

HEFT 30
Prof. Dr. Werner Caskel, Köln
Entdeckungen in Arabien
1954, 44 Seiten, kartoniert, DM 2,—

HEFT 31
Prof. Dr. Max Braubach, Bonn
Entstehung und Entwicklung der landesgeschicht-
lichen Bestrebungen und historischen Vereine im
Rheinland
1955, 32 Seiten, kartoniert, DM 1,60

HEFT 32
Prof. Dr. Fritz Schalk, Köln
Somnium und verwandte Wörter in den romani-
schen Sprachen
1955, 48 Seiten, 3 Abb., kartoniert, DM 2,50

HEFT 33
Prof. Dr. Friedrich Dessauer, Frankfurt a. M.
Erbe und Zukunft des Abendlandes
1956, 32 Seiten, kartoniert

HEFT 34
Prof. Dr. Thomas Ohm, Münster
Ruhe und Frömmigkeit
1955, 128 Seiten, 30 Abb., kartoniert, DM 8,—

HEFT 35
Prof. Dr. Hermann Conrad, Bonn
Die mittelalterliche Besiedlung des deutschen Ostens
und das Deutsche Recht
1955, 40 Seiten, kartoniert, DM 2,—

HEFT 36
Prof. Dr. Hans Sckommodau, Köln
Die religiösen Dichtungen Margaretes von Navarra
1955, 172 Seiten, kartoniert, DM 7,20

HEFT 37
Prof. Dr. Herbert von Einem, Bonn
Der Mainzer Kopf mit der Binde
1955, 88 Seiten, 40 Abb., kartoniert, DM 6,—

HEFT 38
Prof. Dr. Joseph Höffner, Münster
Statik und Dynamik in der scholastischen Wirt-
schaftsethik
1955, 48 Seiten, kartoniert, DM 2,20

HEFT 39
Prof. Dr. Fritz Schalk, Köln
Diderots Essai über Claudius und Nero
1956, 40 Seiten, kartoniert, DM 2,25

HEFT 40
Prof. Dr. Gerhard Kegel, Köln
Probleme des internationalen Enteignungs- und
Währungsrechts
in Vorbereitung

HEFT 41
Prof. Dr. Johann Leo Weisgerber, Bonn
Die Grenzen der Schrift — Der Kern der Recht-
schreibreform
1955, 72 Seiten, kartoniert, DM 3,25

HEFT 42
Prof. Dr. Richard Alewyn, Köln
Von der Empfindsamkeit zur Romantik
in Vorbereitung

HEFT 43
Prof. Dr. Theodor Schieder, Köln
Die Probleme des Rapallo-Vertrages
1956, 108 Seiten, kartoniert, DM 4,80

HEFT 44
Prof. Dr. Andreas Rumpf, Köln
Stilphasen der spätantiken Kunst   *in Vorbereitung*

HEFT 45
Dr. Ulrich Luck, Münster
Kerygma und Tradition in der Hermeneutik Adolf Schlatters
1955, 136 Seiten, kartoniert, DM 6,15

HEFT 46
Prof. Dr. Walther Holtzmann, Rom
Das Deutsche Historische Institut in Rom
Prof. Dr. Graf Wolff Metternich, Rom
Die Bibliotheca Hertziana und der Palazzo Zuccari
1955, 68 Seiten, 7 Abb., kartoniert, DM 3,50

JAHRESFEIER 1955
Prof. Dr. Josef Pieper, Münster
Über den Philosophie-Begriff Platons
Prof. Dr. Walter Weizel, Bonn
Die Mathematik und die physikalische Realität
1955, 62 Seiten, kartoniert, DM 2,90

HEFT 47
Prof. Dr. Harry Westermann, Münster
Person und Persönlichkeit im Zivilrecht
in Vorbereitung

HEFT 48
Prof. Dr. Johann Leo Weisgerber, Bonn
Die Namen der Ubier   *in Vorbereitung*

HEFT 49
Prof. Dr. Friedrich Karl Schumann, Münster
Mythos und Technik   *in Vorbereitung*

HEFT 50
Prof. D. Karl Heinrich Rengstorf, Münster
Die Anfänge des Diakonats   *in Vorbereitung*

HEFT 51
Prälat Prof. Dr. Dr. h. c. Georg Schreiber, Münster
Der Bergbau in Geschichte, Ethos und Sakralkultur
in Vorbereitung

HEFT 52
Prof. Dr Hans J. Wolff, Münster
Die Rechtsgestalt der Universität   *in Vorbereitung*

HEFT 53
Prof. Dr. Heinrich Vogt, Bonn
Schadenersatzprobleme im Verhältnis von Haftungs-
grund und Schaden   *in Vorbereitung*

HEFT 54
Prof. Dr. Max Braubach, Bonn
Der Einmarsch der deutschen Truppen in die ent-
militarisierte Zone am Rhein im März 1936. Ein
Beitrag zur Vorgeschichte des zweiten Weltkrieges
1956, 48 Seiten, kartoniert, DM 2,40

HEFT 55
Prof. Dr. Herbert von Einem, Bonn
Die Menschwerdung Christi des Isenheimer Altars
in Vorbereitung

HEFT 56
Prof. Dr. E. J. Cohn, London
Der englische Gerichtstag
in Vorbereitung

HEFT 57
Dr. Albert Woopen, Aachen
Die Zivilehe und der Grundsatz der Unauflöslich-
keit der Ehe in der Entwicklung des italienischen
Zivilrechts
1956, 88 Seiten, kartoniert, DM 4,—

HEFT 58
Prof. Dr. Karl Kerényi, Ascona
Die Herkunft der Dionysos-Religion nach dem
heutigen Stand der Forschung
1956, 32 Seiten, kartoniert

HEFT 59
Prof. Dr. Herbert Jankuhn, Kiel
Haithabu und der abendländische Handel nach
Nordeuropa im frühen Mittelalter
in Vorbereitung

HEFT 60
Dr. Stephan Skalweit, Bonn
Edmund Burke und Frankreich
1956, 84 Seiten, kartoniert

HEFT 61
Prof. Dr. Ulrich Scheuner, Bonn
Die Neutralität im heutigen Völkerrecht
in Vorbereitung

HEFT 62
Prof. Dr. Anton Moortgat, Berlin
Bericht über das Ergebnis der Ausgrabungen in
Syrien
in Vorbereitung

HEFT 63
Prof. Dr. Joachim Ritter, Münster
Hegels Auseinandersetzung mit der französischen
Revolution
in Vorbereitung

HEFT 64
Prof. Dr. Hermann Conrad, Bonn
Die Konstitutionen von Melfi
in Vorbereitung

HEFT 65
Prälat Prof. Dr. Dr. h. c. Georg Schreiber, Münster
Der Islam und das christliche Abendland
in Vorbereitung

GPSR Compliance
The European Union's (EU) General Product Safety Regulation (GPSR) is a set
of rules that requires consumer products to be safe and our obligations to
ensure this.

If you have any concerns about our products, you can contact us on

ProductSafety@springernature.com

In case Publisher is established outside the EU, the EU authorized
representative is:

Springer Nature Customer Service Center GmbH
Europaplatz 3
69115 Heidelberg, Germany